国家自然科学基金项目资助（编号：51175005）

高压齿轮流量计
理论与实验研究

张 军　李宪华　著

北　京

冶 金 工 业 出 版 社

2015

内 容 提 要

本书介绍了根据行星齿轮传动工作原理设计的一种行星齿轮流量计。以行星齿轮流量计为研究对象，采用理论分析、计算机仿真和实验验证相结合的研究方法，对其进行了系统的分析研究。推导了行星齿轮流量计的瞬时流量公式和流量脉动公式，确定了该类流量计的配齿方案，对其结构参数进行了优化设计；对行星齿轮流量计的动态模型进行建模、仿真与分析，使用有限元分析软件对各个齿轮的运动进行了仿真研究；完成了行星齿轮流量计的模态分析研究，并对其端面泄漏做了有关流场分析；设计并加工了一台实验样机，设计了流量计标定实验方案，做了相关实验，为进一步研究行星齿轮流量计提供了设计和实验依据。

本书可作为高等学校机电专业高年级本科生或研究生的教学用书，也可供相关技术人员阅读参考。

图书在版编目 (CIP) 数据

高压齿轮流量计理论与实验研究/张军，李宪华著 . —北京：冶金工业出版社，2015. 8

ISBN 978-7-5024-6950-4

Ⅰ. ①高… Ⅱ. ①张… ②李… Ⅲ. ①行星齿轮—齿轮流量计—研究 Ⅳ. ①TH814

中国版本图书馆 CIP 数据核字 (2015) 第 182747 号

出版人　谭学余
地　址　北京市东城区嵩祝院北巷 39 号　邮编　100009　电话　(010)64027926
网　址　www.cnmip.com.cn　电子信箱　yjcbs@cnmip.com.cn
责任编辑　廖　丹　美术编辑　杨　帆　版式设计　孙跃红
责任校对　郑　娟　责任印制　牛晓波
ISBN 978-7-5024-6950-4
冶金工业出版社出版发行；各地新华书店经销；固安华明印业有限公司印刷
2015 年 8 月第 1 版，2015 年 8 月第 1 次印刷
169mm×239mm；12.25 印张；235 千字；183 页
40.00 元
冶金工业出版社　投稿电话　(010)64027932　投稿信箱　tougao@cnmip.com.cn
冶金工业出版社营销中心　电话　(010)64044283　传真　(010)64027893
冶金书店　地址　北京市东四西大街 46 号(100010)　电话　(010)65289081(兼传真)
冶金工业出版社天猫旗舰店　yjgycbs.tmall.com
(本书如有印装质量问题，本社营销中心负责退换)

前　言

在液压系统的实验研究和故障诊断中，流量信号是需要测量和控制的重要参数之一，系统动态流量的测量，对评价伺服阀、比例阀等控制元件，以及控制液压系统的动态特性都有非常重要的意义。动态流量的测试特别是高压侧液体流量的测试，已成为液压测试中的重点和难点之一，目前国内尚无性能较好的流量计能满足动态测量的要求。本书提出的动态流量测量方法，具有现实意义。

本书针对液压系统高压侧流量难以测量的现状，在对各类流量计的原理和应用进行分析的基础上，对国内外专家、学者在液压系统流量测量方面的研究成果进行了比较，指出齿轮流量计是容积式流量计，具有测量精度高、不受环境条件限制的优点，但其流量脉动大的缺点，一直制约着它的广泛使用。作者在深入研究齿轮流量计原理的基础上，提出了一种基于行星传动理论的新型齿轮流量计——行星齿轮流量计。该类流量计具有排量大、流量脉动小的特点，可用于液压系统高压流量的测量。本书采取理论分析与计算机仿真及计算机有限元研究相结合，并通过实验加以验证的研究方法，对行星齿轮流量计进行了系统的研究。

本书共分7章，介绍了各类流量计的工作原理，提出了一种新型流量计——行星齿轮流量计，然后依次介绍了行星齿轮流量计的原理与分析、齿轮流量计瞬态流量特性研究、三型外啮合齿轮流量计、行星齿轮流量计动态特性研究、三型行星齿轮流量计的有限元研究、齿轮流量计的结构设计、齿轮流量计的实验研究等。

　　特别感谢中国矿业大学（北京）贾瑞清教授对本书的审阅和修改。本书的出版得到了国家自然科学基金委、安徽理工大学领导和安徽理工大学机械工程学院的大力支持，在此也表示真诚的感谢。

　　因作者水平有限，书中难免存在不足，热忱期望读者批评指正。

作　者

2015 年 4 月

目　　录

1 绪 论

本章针对液压系统高压侧流量测量困难的现状，对各类流量计的原理和应用做了综述，在分析和总结国内外专家、学者在液压系统流量测量方面研究的基础上，提出了一种新型的流量计——行星齿轮流量计，介绍了本书研究的背景，阐明了本书研究的主要意义、内容和技术方案。

1.1 引言

在液压系统的实验研究和故障诊断中，流量信号往往是需要测量和控制的重要参数之一。流量测量通常包括测量液压系统的稳态平均流量和动态流量。其中，利用安装在回油管上的低压流量计可实现对系统稳态平均流量的测量，并检测出系统总泄漏量。而液压系动态流量的测量，对评价伺服阀、比例阀等控制元件，以及控制液压系统的动态特性都有非常重要的意义。动态流量的测试特别是高压侧液体流量的测试，已成为液压测试中的重点和难点之一，成为制约测试系统的完善和发展的瓶颈[1~4]。例如，在比例流量阀的测试中，目前国内尚无性能较好的流量计能满足动态测量的要求[5~7]，所以发现并提出动态流量测量中的新理论和新方法，具有重要的现实意义。

1.2 流量计的分类

目前，流量测量仪表按其工作原理来分，主要有测容积流量和测质量流量两种，测容积流量又分为直接测量（如容积式流量计）和间接测量（如差压式流量计、漩涡流量计、超声波流量计等）。

1.2.1 差压式流量计

差压式流量计由把流量转变成静压差的一次装置（节流装置）和把静压差转变成标准信号并显示流量值的二次仪表组成[8~10]。其流量方程式一般可表示为：

$$Q = \alpha A_0 \sqrt{\frac{2}{\rho}(p_1 - p_2)} \qquad (1\text{-}1)$$

式中，α 为流量系数；A_0 为孔板的孔口面积，m^2；ρ 为流体的密度，kg/m^3；p_1 为进口压力，Pa；p_2 为出口压力，Pa。

从式（1-1）中可以看出，只要测得压力差即 $p_1 - p_2$，就可以得出流量。

差压式流量计适用于水、油、气、蒸汽等多种介质；结构简单，无可动部件，能适合较恶劣的工作条件；具有较长的应用历史，并形成了国家标准和国际标准。但差压式流量计也有很多不足之处，最主要的就是它的压力损失 Δp 很大，为信号差压的50% ~70%左右，给被测管路系统造成较大的能耗；其次，适用的流量范围较小，其量程比仅为1：3。差压式流量计的工作原理如图1-1所示。另外，值得注意的是，对其管道条件和安装条件的要求都比较严格，若不按规程，将会给测量带来附加误差。这种流量计具有适应范围大、性能好等特点，但其输出特性为非线性，量程受制约并且实际使用精度不高。近几年许多知名公司对差压变送器进行了深入的研究与开发，相继推出了性能优异的智能变送器，如罗斯蒙特公司的3051型、霍尼韦尔公司的ST3000型、福克斯波罗公司的LA系列智能差压变送器，它们的测量精度、量程比、使用温度范围以及信号处理与通信功能都得到了很大的改善和提高。传统的节流装置本身在近些年来没有明显的改进，但出现了专利环形孔板流量变送装置，它革新了旧式环形孔板取压方式，提高了测量精度和可靠性。

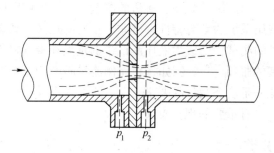

$$p_1 \quad p_2$$

图1-1 差压式流量计工作原理

1.2.2 容积式流量计

容积式流量计亦称正排量流量计，其种类繁多，可以根据不同的原则来分类。通常按照测量元件的结构分为转子式、刮板式、旋转活塞式、往复活塞式和膜片式等，转子式最为常用。转子式流量计主要由转子和计量腔（由流量计壳体内腔所形成）以及计数机构组成，流体介质周期性地充满计量腔，并推动转子旋转，其转速正比于流速。目前生产的产品，根据回转体形状的不同可分为：适用于测量液体流量的齿轮流量计、椭圆齿轮流量计、腰轮流量计（如图1-2所示）、旋转活塞式流量计、刮板式流量计；适用于测量气体流量的伺服式容积流量计、皮膜式流量计和转筒流量计等。这类流量计具有测量准确度高、重复性好、对直管段要求不高、介质黏度变化对测量显示值影响较小等特点[11, 12]。

容积式流量计的使用量约占所有工业用流量计的10%左右。从原理上讲，它在测量体积流量时，不受流体的密度和黏度的影响。对于流动状态，速度分布无特殊要求，但是由于容积式流量计自身的转动部件，且动静部件之间的间隙很小，因此要求介质纯净，不含杂质，以免转子磨损或卡住，使测量精度降低或损坏仪表。另外，较大的进出油口压力损失所引起的能量消耗也是容积式流量计的缺点之一。再次就是容积式流量计本身带有元件运动惯性较大，对于测量流量的动态特性不是很好，并且还存在一定的泄漏。

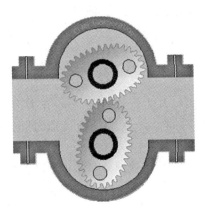

图 1-2　容积式流量计工作原理

但是，如果改进它的结构设计，降低惯性和泄漏，无疑是解决动态测量问题最直接有效的办法。

容积式流量计是利用一个精密的标准容器对被测流体进行连续测量的，因而影响测量准确度的因素较少，不会受到流体黏度、密度、流动状态以及雷诺数的影响，测量的准确度也较高。尤其是近年来，随着其在材料选取、结构设计、加工工艺等方面很大的改进，性能也在不断提高。德国某公司 VS 系列的属于容积式流量计的齿轮流量计的精度达到了 ±0.3%，而 KRAL 公司的 OM 系列的螺杆流量计的精度可以达到 ±0.1%。DresserWayne 公司刮板式流量计的精度甚至可以达到 ±0.05%，而且其重复性也很好。

1.2.3　超声流量计

这是一种基于超声波在流动介质中传播速度等于被测介质的平均流速与声波在静止介质中速度的矢量和的原理开发的流量计[13]（如图1-3所示），主要由换能器和转换器组成，有多普勒法、速度差法、波束偏移法、噪声法及相关法等不同类型。由于其检测元件不与被测介质接触，所以克服了接触式测量方式中存在的问题。具有无压力损失、不干扰流场、节能、通用性好等特点，尤其适合于强腐蚀、易爆、污染等流体的测量。这类流量计特别适于液压系统的状态监测与故障诊断，可以方便地进行多点测量。但提高小口径超声波流量计的测量准确度仍是今后研究的方向[14]。

超声流量计是将超声波传感器夹装在被测管道的外侧，利用超声波信号在流体中传播时所载流体的流速信息来测量流体的流量的。超声流量

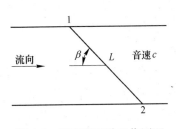

图 1-3　超声流量计工作原理

计的测量原理，其测量公式如下：

$$v = \frac{D}{\sin 2\beta} \cdot \frac{T_1 - T_2}{(T_0 - \tau)^2} \tag{1-2}$$

$$T_0 = (T_1 + T_2)/2$$

式中，D 为管道内径，m；β 为声速进入流体介质的折射角，（°）；T_1 为顺流传播时间，s；T_2 为逆流传播时间，s；τ 为流体以外声传播时间及电路延迟时间之和，s。

再代入流速分布修正系数 k 和管道内径 D 即可由式（1-3）求得流量。

$$Q = \frac{1}{k} \cdot \frac{\pi D^2}{4} v \tag{1-3}$$

一般的超声流量计主要由超声探头、主机（包括电源电路、主机板和键盘显示电路板）和传感器夹组成。超声流量计具有以下特点：

（1）节约能源。超声流量计不管是外夹式或是内贴式，基本上都不扰乱流场，无可动部件，无压力损失。

（2）安装维护方便。超声流量计安装、维修时不必停产。尤其是对大口径流量系统，可以节约大量的人力物力。

（3）超声流量计的形式种类多，可以适用各种介质和工况条件，适用性强。除了测量水、石油等一般流体外，还可测高温、高压、强腐蚀、非导电、易爆和放射线等导声流体。既可用于管流又可用于明渠流。

（4）不受流体的物理性能或参数（如粗糙度、导电率、温度等）的影响，输出与流量成良好的线性关系，因此测量范围较大。

（5）传感器以微机为中心采用锁相环路或新型计时方法，实现各种补偿运算，解决了信号衰减、噪声干扰及电路故障等影响，还具有自检功能、雷诺数修正，可自动修正流场分布的变化等所造成的误差[15]。

超声流量计一般设有标准的通用接口[16]，可方便地由计算机进行控制，测量结果可以自动显示和打印，并可与计算机监控系统直接联网运行，自动化程度高。但是超声流量计也有其自身的缺点，即换能器的安装直接影响到计量的准确度与可靠性，因此对安装要求十分严格。目前各生产厂家都在探讨、制定确保准确度的安装方法[17]。

1.2.4 漩涡流量计

漩涡流量计是利用流体振动原理来进行测量的，即在特定流动条件下，流体一部分能产生流体振动，且振动频率与流体的流速（或流量）有一定的关系。漩涡流量计主要有涡街流量计、旋进漩涡流量计、射流流量计和空腔振荡流量计等几种，通常涡街流量计的使用最多。

涡街流量计利用流体力学中著名的卡门涡街原理（如图1-4所示），即在流动的流体中插入一个非流线型断面的柱体，流体流动受到影响，在一定的雷诺数范围内将在柱体下游产生漩涡分离，当这些漩涡排列成两排且两列漩涡的间距 h 与同列中两相邻漩涡的间距 l 之比满足 $h/l = 0.281$，就能得到稳定的交替排列漩涡，这种稳定而规则地排列的涡列称为"卡门涡街"。这个稳定的条件是冯·卡门（Von Karman）对于理想涡街研究分析得到的，后来一般把错排稳定的涡街称作"卡门涡街"，这就是卡门涡街流量计名称的由来。

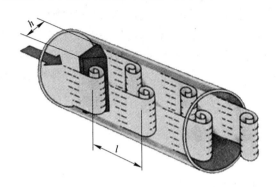

图1-4 涡街流量计原理

理论和实验的研究都证明，漩涡分离频率，即单位时间内由柱体一侧分离的漩涡数目 f 与流体速度 v_1 成正比，与柱体迎流面的宽度 d 成反比，即

$$f = Sr \frac{v_1}{d} \tag{1-4}$$

式中，f 为漩涡分离频率，Hz；Sr 为斯特劳哈尔数（无量纲），对于一定柱型在一定流量范围内是雷诺数的函数；v_1 为漩涡发生体两侧的流速，m/s；d 为漩涡发生体迎流面宽度，mm。

用管道内平均流速 $\bar{v}$ 代替 v_1，则有：

$$f = Sr \frac{\bar{v}}{\left(1 - 1.25 \frac{d}{D}\right)d}$$

一旦柱体和流道的几何尺寸及形状确定后，f 便与 $\bar{v}$ 成正比关系，因而检测出漩涡的频率，便可以测得流速，并以此推知其流量。

涡街流量计主要由漩涡发生体、感测元件、信号处理和显示部分组成，是一种无运动部件的流量计，一般由壳体、漩涡发生体和放大器组成。涡街流量计主要特点有：测量范围宽，准确度高，工作可靠性高，线性频率输出，使用寿命长，再现性好，但不能用于测量低雷诺数（$Re \leqslant 10^4$）流体且对直管段要求较高[18]。

涡街流量计是一种数字式流量计，它直接输出的脉冲信号的频率与流量呈线性关系，同时具有量程宽、重复性好的特点，便于远距离无精度损失的传输。此外仪表常数及精度不受介质的压力、温度、密度等变量的影响。一旦流量计的结构确定，流体振荡频率也就确定了。由于仪表一般采用压电传感器将机械振动转化为电信号输出。目前采取的放大、整形、计数的信号处理方法，在应用中存在以下缺点：

（1）易受测量现场各种干扰的影响，实际测量精度远远低于实验室标定的精度。干扰来源主要是流场不稳定、管道振动和电磁噪声。

（2）量程比受限。理论上涡街流量计的量程比为 100∶1，而实际上一般只达到 10∶1。这是因为小流量时，产生的信号微弱，易被噪声淹没。

（3）不同口径的一次仪表和测量不同流体要配不同的处理电路。由于测量原理复杂，对于实用中出现的某些具体问题，暂时还没有完整统一的标准来规范[13]。

1.2.5　质量流量计

质量流量计有直接式和间接式两类。这类流量计具有直接测量质量流量、准确度高、与各种类型参数无关、压力损失小等特点。这是一种发展中的流量仪表，目前仍有许多问题需要进一步解决，如流体介质的相态与物性影响问题、零点漂移问题、最佳振动管形状选择问题、管材选择问题等[19]。

由于对直接式质量流量计的需求，开辟了流量计量的新领域。人们企图用已有的各种科学知识来实现质量检测的目的，因而出现了不同形式、测量不同介质的质量流量计。固、气、液三种流量均可直接测量其流量，但固体流量计从产生至今，均只能是测量质量流量。而早期的气、液流量计，主要是测量容积流量，再通过换算变成质量流量。直接测量质量流量还是近几年的事。因此，通常所说的直接质量流量计是指测量气、液流量的质量流量计。质量流量计可分为采用差压原理、采用动量变化原理和采用热量原理三类流量计。其中，应用较多、影响较大的是科里奥利流量计。

科里奥利流量计可以直接测量质量流量，其工作原理基于流体振动原理。它包括 U 形管、直管、激振器、传感器等。如图 1-5 所示，它通过激振器激 U 形管，产生振荡信号，当流体通过振动管时，U 形管发生扭曲（科里奥利原理），扭曲角度通过计算 U 形管前后两端相角差得到。用光学或电磁学的方法测出挠曲量，即可测得质量流量。

科里奥利流量计主要有以下特点：

（1）直接测量质量流量，测量精度高，多用于贸易交接。

（2）测量值不受介质温度、压力、密度、黏度、流态、导电率的影响。

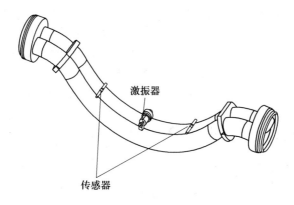

图 1-5 科里奥利流量计原理

（3）可测量多个参数，如质量、密度、温度等，还可以测量体积流量、容质浓度、液固双相流体（或不相溶双组分液体）中异相（或异分）的含量。

（4）对流速分布不敏感，因而安装时无上、下游直管段要求。

（5）对外界振动干扰较敏感。为防止管道振动的影响，流量传感器安装要求较高。

（6）液体中气泡含量超过某一界限会显著影响测量值。

（7）零点漂移较大。

（8）价格高，大口径流量计价格更高[20]。

1.2.6 热膜（丝）流量计

热膜（丝）流量计通过测量流体的流速而确定流量，亦称流速仪，其基本原理是测敏感元件和它周围流体介质的对流热交换强度。

图 1-6 所示为一种热膜（丝）流量计的工作原理图。由很细的铂丝制成的发

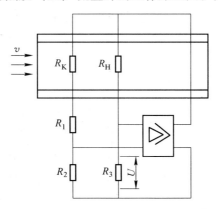

图 1-6 热膜（丝）流量计工作原理图

热丝 R_K 和温度传感器 R_H 组成桥路的两个桥臂，R_1，R_2，R_3 分别为桥臂电阻，当流体流过时，R_K 温度下降，桥路输出与流量成正比的电流信号。

　　以热膜（丝）原理研制的流量计，既能测量流体的稳态流量，也能用于测量流体的动态流量，目前已被用来直接测定液压元件的液阻，测定液压泵和液压马达的脉动流量。此外还有多种流量计用于液压系统瞬时动态流量的测量，如脉动转子流量计其动态可达 5Hz，Toft-Fensvig 流量计可用来测量流体的高频和低频瞬时流量，可测频率高达 100Hz。

1.2.7　叶轮式流量计

　　叶轮式流量计是一种速度式流量仪表，主要有涡轮流量计、分流旋翼流量计、水表和叶轮风速计等。涡轮流量计是叶轮流量计的主要类型。涡轮流量传感器采用多叶片的转子感应流体的平均流速，从而推导出流量或总量。转子的旋转运动可用机械、磁感应、光电方式检出并由读出装置进行显示和记录。仪表主要包括传感器和显示仪表。涡轮流量计在测量石油、有机液体、无机液体、液化气、天然气和低温流体等对象方面获得广泛的应用。在国外液化石油气、成品油和轻质原油等的转运及集输站、大型原油输管线首末站大量采用涡轮流量计进行贸易结算。

　　涡轮流量计由涡轮流量传感器（包括涡轮、导流器、壳体及磁电传感器）和显示仪表组成，其壳体由不导磁的材料制成。导磁的涡轮装在壳体中心轴承上，当阻力矩与动力矩平衡时，涡轮转速稳定且正比于流速，借助于壳体外的非接触式磁电转速传感器将转速信号变换成电频率信号，送至显示仪表即可显示介质的流量。涡轮流量计测量准确度高、重复性好、结构轻巧、安装简便、耐压高、线性范围宽。

　　涡轮流量传感器由壳体、导向体（导流器）、叶轮、轴、轴承及信号检出器组成，结构如图 1-7 所示。其工作原理为：当被测流体流过传感器时，在流体作用下，叶轮受力而旋转，转速与管道平均流速成正比，叶轮转动之后周期性地改

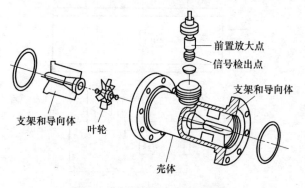

前置放大点
信号检出点
支架和导向体
支架和导向体
叶轮
壳体

图 1-7　涡轮流量计结构原理图

变磁电转换器的磁阻值，检测线圈中的磁通随之发生周期性变化，产生周期性的感应电动势，即电脉冲信号，经放大器放大后，送至显示仪表显示。

涡轮流量传感器主要有以下优点：

（1）精度比较高。

（2）重复性好，短期重复精度可达0.05%～0.2%，正是由于具有良好的重复性，如经常校准或在线校准，可以得到极高的精度，在贸易结算中是优先选用的流量计。

（3）输出脉冲频率信号，适于总量计量及与计算机连接，无零点漂移，抗干扰能力强。

（4）范围放宽，大口径可达40∶1～10∶1，小口径为5∶1或6∶1。

（5）结构紧凑轻巧，安装维护方便，流通能力大。

（6）适用于有一定压力的流体的流量测量。

（7）如叶轮故障卡住，不会造成管道断流，安全性较好。

涡轮流量传感器的局限性是：

（1）不能长期保持校准特性，需要定期校验，对于无润滑性的液体，液体中含有悬浮物或磨蚀性液体，造成轴承磨损及卡住问题较突出，限制了使用范围，采用硬质合金和轴承后，情况较石墨轴承有较大改善，对于贸易储运等有高精度测量要求的，最好配备现场校验设备，可定期校验以保持其特性。

（2）涡轮流量计虽有高黏度型，但普通型不适用于较高黏度的介质，介质黏度增大使流量计测量下限值提高，范围缩小，线性度变差。

（3）流体物性（密度、黏度）对流量特性有较大影响，气体流量计易受密度影响，而液体流量计对黏度变化反应敏感，又由于密度和黏度与温度、压力关系密切，而现场温度、压力的波动难以避免。

（4）仪表受来流流速分布畸变和旋转流等影响较大，传感器上下游所需直管段较长。

（5）对被测介质清洁度要求较高，限制了其使用领域。

（6）小口径（ϕ50mm以下）仪表的流量特性受物性影响严重，故小口径仪表的性能难以提高。

1.2.8 其他形式的流量计

上述几种流量计是比较常见的流量计，除此之外还有应用相关分析原理制成的流量计。这类流量计借助于电容式检测器、核磁共振检测器、X光检测器等，对于一定距离的两个检测器信号进行相关分析，求出过渡时间，而后算出流量。

1.3 高压液压系统动态流量测试的国内外研究概况

高压液压系统动态流量的测试是液压测试的难点[21~24]，原因如下：（1）能测量液压系统高压侧的流量；（2）流量变化范围宽（特别是一些无级调速的场合）；（3）需测量系统中某个部分某个元件的动态特性；（4）许多液压系统要求能双向测量高压侧的流量[22]。目前国内尚无性能较好的容积式流量计能满足使用要求，国外虽有容积式高压流量计，但不能检测动态流量，只能检测平均流量[25~27]。

容积式流量计属于直接测量法，是测量液压系统流量的一种精度最高、最直观、最有效的方法，但由于目前普通容积式流量变送器本身的流量脉动大，一般不能用于液压系统高压侧的动态流量测量[28, 29]。例如，目前常用的椭圆容积式流量计，虽然结构简单，价格便宜，但因其流量脉动大，不能用于液压系统高压侧的动态流量测量，限制了该类流量计的应用。对于普通齿轮流量计来说，虽然它的流量脉动较椭圆流量计小，但仍有较大的流量脉动（10%~15%左右），故也只能用于中、低压液压系统的测量；而其他以椭圆流量计、齿轮流量计原理为原型的一些变体，主要是考虑扩大流量计的测量范围，提高测试精度，其流量计本身的脉动仍很大，一般也无法测量液压系统高压侧的动态流量（国外进口的高压齿轮流量计只能测量液压系统高压侧的平均流量，系统中需加装蓄能器来吸收由于齿轮流量计产生的脉动，故不能用来测量高压侧的动态流量[11]），只能用于测量液压系统回油侧的稳态流量[30]。

目前国内液压系统高压侧的动态流量测量，多采用间接测量法，如测试液压缸上安装速度传感器、二通插装式动态流量计、智能压差式动态流量计[21, 22, 31~33]等，但由于流体介质本身性质的不确定性，处于变速流动状态的介质内部存在着黏性摩擦力、惯性力的作用，流体内部还会产生不稳定的漩涡和二次流等复杂流动现象，以及流动状态、边界条件、现场测试环境、管理条件等的不同，使得受到以上各种条件影响很大的间接式动态流量计不可能适用于各种测试环境[27]。基于间接测量法设计的流量计，由于实验场合、环境的不同，一般只能"点对点"设计[34]。

1.3.1　国内研究进展

浙江大学的傅周东、路甬祥提出了一种二通插装式动态流量计，这种流量计利用阀芯所受压力与阀口流量的平方成正比的关系，对阀口进行特殊设计，使得带有弹簧阀芯的位移的平方与所受压力成正比，这样得到了流量与位移的线性关系，通过在阀芯上安装位移传感器，测量阀芯位移，进而方便地得到流量信号。由于阀芯的惯性很小，因而动态品质得到提高，响应频宽可达50Hz左右。并且它采用了二通插装式结构设计，结构灵巧，安装方便[21, 31]。由于设计没有考虑到动态流动液体的惯性力的影响，因而动态信号的测试精度受流量信号波动的影响。张建宏等提出的一种8电极电磁流量计，可以基本消除流速分布不对称对测量结果的影响，在低速时测量精度有明显的提高[35,36]。傅新、杨华勇、徐兵等为了将涡街流量计运用于非定常流体中，设计了一种双重三角形非线性流体涡街流量计，对涡街流量计中由于非稳定流而产生的液压振动漩涡进行了建模和实验研究[18,37~39]。张宏建等推导了一种新的 DFT 递推算法，主要用于计算涡街信号的功率谱，通过谱分析得到涡街频率[40,41]。

华南理工大学交通学院开发了一种智能化差压式双向流量计。它包括差压式双向流量阀、位移测量电路和单片机系统。阀体的内腔经过特殊设计，当无流量通过时，阀芯停留在中间位置上，完全封闭了流道。当被测流体从流量计的一端进入时，压缩弹簧使阀芯产生一个位移，并与壳体间形成了一个环形节流面积，流体的流动使得阀芯前后形成压差，当压差力与弹簧力平衡时，阀芯位移与压差成正比。通过连接在阀芯上的电磁式位移传感器可以测出位移，进而得出流量。流量与位移的关系是非线性的，但采用单片机对信号进行处理可以很好地解决这个问题。该流量计能测量正、反向流量，也能进行一定的动态流量测量。以上所述，设计中并没有考虑到动态流动液体的惯性力的影响，因此也不适合测量高频动态流量[42]。

原华中理工大学研制出一种数字式动态流量测量系统，该系统由流量脉冲传感器、数据转换器和计算机三部分组成。流量脉冲传感器由一对空套在轴上的计量齿轮马达和涡流传感器构成，当液压流体推动互相啮合的齿轮转动，充满流体的齿间经过涡流传感器时，产生一个电脉冲信号。数据转换器对涡流传感器输出的每一个电脉冲信号进行放大、整形、滤波，由计数器计数，并由计算机对信号进行数据处理，计算出被测液压系统某瞬时的动态流量。这种流量计把齿轮空套在轴上，减小了运动部件的质量，从而提高了动态特性；采用每齿记数，提高了测量精度。但是这种流量计并没有从根本上克服运动部件惯性的影响，系统频宽只能达到 18Hz 左右[43,44]。

北京理工大学自动化控制系设计的双齿圆柱齿轮流量计是基于齿轮马达容积变化原理工作的定排量流量计，测量的准确度比较高，耐高压可达 40MPa。但是由于没有解决流量脉动问题和马达自身含有惯性元部件，其动态品质很差，频率响应迟钝，且存在较严重的泄漏[45,46]。

燕山大学王益群、姜万录教授等对动态流量计做了相关研究，提出了一种基于动态流量软测量技术的液压伺服系统故障诊断方法，通过测量特定管路内液体的压力、压差、黏度和温度等易于得到的信号间接得出流量信号，进而通过故障专家系统实现液压伺服系统的故障诊断；试制了动态流量计样机进行了实验研究，并取得了一系列进展[5~7,23,32,33,47,48]。

重庆大学、重庆工业自动化仪表研究所、长沙矿山研究院、浙江大学机电控制研究所、哈尔滨工业大学、合肥工业大学自动化研究所等针对涡街流量计分仪表系数低、分辨率低的缺点，采用先进的数字信号处理技术解决应用上的关键问题，并取得了一定的进展[40, 49~58]。

中国科学技术大学电子工程与信息科学系设计的新型高精度超声波流量计，利用传统超声波流量计的原理，结合先进的可编程逻辑器件设计和高频电路技术而设计，其测量准确度较高，量程宽，稳定性较好[59]。

中南大学能源与动力工程学院周子民设计的圆形挡块差压流量计，其节流元件构造简单，与标准孔板相比，流出系数大，比较适合高黏度流体的测量，对含有杂质的流体不易堵塞[60]。

天津大学电气自动化与能源工程自动化系对电磁流量计电场的动态平衡过程进行了分析，并且证明了多电极电磁流量计弦端压差测量方法的有效性[61~63]。李巧真、李宏锁等研制的一种一体化插入式涡轮流量计，主要适用于大口径流量的测量[64]；叶佳敏、张涛在对金属管浮子流量三维湍流流场的数值仿真及实验研究基础上提出了一种基于计算流体力学的流量传感器的设计方法[65, 66]；天津大学还开展了对半管均速管、浮力式明渠流量计相应的研究[67]。

北京化工大学信息科学与技术学院设计出一种光纤传感器和电磁涡流传感器相结合的新型质量流量计，与其他质量流量计相比，结构简单，抗干扰能力强[68]。

电磁流量计在生物医学应用领域的研究主要有：中国医学科学院基础医学研究所王强和中国协和医科大学基础医学院生物医学工程学系的张正国、罗致诚将电磁血液流量计应用于脑组织血管动态调节的无损伤测量研究中，通过设计一些可用已知生理学理论解析的方法诱发组织血管的调节作用，对比观察电磁血流量计和 NIRS 测量结果，并进行了人体实测研究[69]。

复旦大学药学院为了观察尼莫地平（NM）鼻腔给药对犬脑血流动力学的影响，采用电磁流量计检测犬静注、鼻腔和口服给药后脑血流量（CBF）的改变，并应用 MFLab 功能学科实验软件进行监测和数据处理[70]。

另外中山医科大学（现中山大学医学院）卫生部辅助循环重点实验室为了研究体外反搏增加冠状动脉、颈动脉及肾动脉血流量的效应，利用电磁流量计分别测定体外反搏前、中实验犬冠状动脉、颈动脉及肾动脉血流量[71]。

以上的几项研究有的是依据位移-压力-流量的关系，从间接测量的角度来解决传统流量计的动态特性差的问题，有的是从直接改进流量计的结构，减小它的惯性，并引入精确的电测量手段来提高测量精度的角度来解决问题，都取得了一定的进步，但是都存在一定的使用范围，虽然不能根本解决像比例流量阀测试中的带偏置的高频动态流量这样复杂的流量测试问题，但无疑对我们进一步的研究拓宽了思路[72]。

1.3.2　国外研究概况

由于我们主要讨论液压系统的流量传感器，这里仅介绍可以用于液压系统测量的典型流量传感器相关技术的国外研究进展。

文献［73］设计和分析了一种基于电容式的测量低雷诺数液体的流量计。实验结果表明，设计的微流量计可用于雷诺数很低的液体，信噪比超过40。实验结果还显示了电容式的电容值与流量、雷诺数成正比，与被测试流体的物理性能无关。

文献［9］介绍了一个新的基于毕托管的压差式流量计的数值模拟和实验测试，选择了压差相对较高的截面建立了流体的数学模型和模型方程组求解方法。使用了数值模拟，优化了该传感器的几何形状，并得到实验验证。

文献［74］~［76］分别研究了孔板式压差流量传感器在高真空条件下的不确定因素及在复杂流体条件下的动态响应。

文献［77］对近半个世纪超声波流量传感器的研究进展进行了回顾；文献［78］和［79］分别分析研究了被测管壁的粗糙度、温度以及传感器本身尺寸对测量结果的影响及对策；文献［14］研究了超声波流量计的非线性问题；文献［80］和［81］分别研究了超声波流量传感器在非牛顿液体和入侵式电磁流量计中的应用。

文献［82］~［85］介绍了科里奥利质量流量计的基本原理和最新研究进展，该流量传感器被广泛地应用到食品、饮料、医药、化学、油液和气体的流量测量中。主要研究了不同的科里奥利发生器的形状、位置、数量以及测量变形时采用的各种方法及特点。文献［86］介绍了科里奥利质量流量计的运动分析，文献［87］介绍了科里奥利质量流量计的性能参数及实际应用，文献［82］、［88］、［89］介绍了科里奥利质量流量计的动态特性，文献［86］、［90］、［91］研究了科里奥利质量流量计在有脉动的系统中的动态响应及仿真分析。

文献［92］和［93］研究了一种新的涡街频率发生技术，文献［94］~［97］分别研究了环境因数如被测系统的振动、油中混入水（或水中混入油）等对测试结果的影响及对策，文献［98］分析了利用有限元技术研究涡街现象的发生、涡街的破灭过程。文献［99］和［100］研究了环境因素的变化对涡轮式速度流量计特性的影响，分析了一种测量小流量的速度流量计的动态特性。文献［101］~［103］研究了电磁流量计的最新进展。

1.4　本书研究内容和目的

1.4.1　研究背景

行星齿轮流量计是我们设计的一种新型液体流量计（专利号：2006200060268），如图1-8所示。行星齿轮流量计具有排量大（它的流量通过能力是齿轮模数相同的普通齿轮流量计的6倍）、流量均匀性好（6个啮合点叠加到同一啮合线上均匀分布）、噪声低（小于50dB）、重量轻（相对于同排量的齿轮流量计）等独特优点，能够精确地测量高压液压系统的稳态流量。根据该原理设计的行星齿轮液压泵，已被列入我国国防科技项目，用作某型坦克液压系统的动力源。

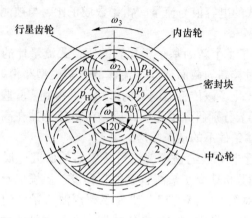

图 1-8 行星齿轮流量计结构原理

利用节流技术＋行星齿轮流量计微型化＋二次仪表得到的动态行星齿轮流量计（如图1-9所示），是作者在导师贾瑞清教授和日本三口大学江钟伟教授的指导下，最新提出的一种动态流量计。行星齿轮流量计主要用于测量液压系统的稳态流量，动态流量计主要用于测量液压系统动态流量的频率特性。

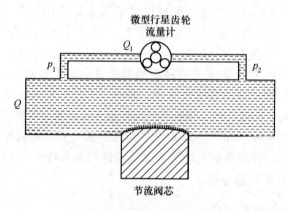

图 1-9 动态齿轮流量计原理

我们设计加工了行星齿轮流量计（如图1-8所示）的实验模型，并做了高压可行性实验。把它串联在液压泵加载实验台上，在该流量计的两边装有压力传感器，实验表明，串联该流量计后，系统压力正常，达30MPa，流量计两边的压差只有0.1MPa左右。可以通过二次仪表测量流量计中心轮的转速，再通过单片机转换成实际稳态流量的大小。实验结果符合设计要求，它展示了行星齿轮传动原理可应用在一个新的领域——测量液压系统高压侧的稳态流量。

齿轮流量计测量精度高是被业界普遍认可的，但其动态特性较差，要同时满足测量精度高、动态特性好的齿轮流量计是有工艺难度的。从分析齿轮流量计本身齿轮的动态特性可知，该类流量计的固有频率在理论上可达 1000Hz，而伺服阀的动态特性一般为 30 ~ 150Hz，流量计动态特性体现了对被测液压系统的频率特性的跟踪能力，流量计的精确性反映了测量液压系统稳态流量的能力，显然它们是相互矛盾的，经作者长期研究，并与导师和国内外专家共同研究分析，确定用作者研究的行星齿轮流量计用于液压系统精确流量测量，同时可将该流量计微型化、提高其动态特性后，用于对液压系统的动态特性的测量及控制，其原理如图 1-9 所示，可通过调节节流阀芯的位置，来调节进出油口的压力差，从而调节通过微型行星齿轮流量计的流量 Q_1 的大小，$Q_1 = Q \times (5\% ~ 10\%)$。基于如上原因，提出了将液压系统的稳态流量和动态流量分别测量的方法，解决了液压系统的稳态流量和动态流量难以同时测量的问题。但节流阀阀芯的形状、大小和位置对流场的影响，行星齿轮流量计微型化后产生的一系列设计加工问题，如何确定微型行星齿轮流量计内部的齿轮与浮动侧板间的断面间隙、齿轮与壳体、密封块间的径向间隙问题，采用空转齿轮减小其转动惯量问题，动态流量计齿轮转速的采集问题，运转部件的轻质材料选择问题，动态齿轮流量计的内部流场分析问题，动态流量计的实验标定问题等都需要进一步的分析与研究。

动态行星齿轮流量计的工作原理如图 1-9 所示，为减小该流量计的转动惯量，提高其动态特性，相关的各齿轮都是采用轻质材料的空转齿轮。从图 1-9 可以看出，动态行星齿轮流量计主要反映液压系统的动态特性，其工作原理是压差式流量计与容积式齿轮流量计原理的结合，利用其各自的优点，测出系统的动态流量信号，从而来评价伺服阀、比例阀等控制元件，确定液压控制系统的动态特性。

图 1-10 所示为行星齿轮流量计做稳态流量和动态流量标定实验的液压系统原理图，可以利用该系统中的伺服阀静态实验台做该流量计的稳态流量精确标定实验，利用伺服阀动态实验台做该流量计的动态特性标定实验。

1.4.2 研究内容和意义

1.4.2.1 研究的主要内容

研究的主要内容如下：

（1）对行星齿轮流量计主要结构参数的确定、结构参数对该类流量计动态性能的实际影响、端面泄漏和结构参数优化等方面进行了深入的研究；

（2）对行星齿轮流量计的流量特性、动力学特性进行了研究及仿真；

（3）对行星齿轮流量计进行建模并对其静力学、运动、模态、流场等方面进行了有限元研究。

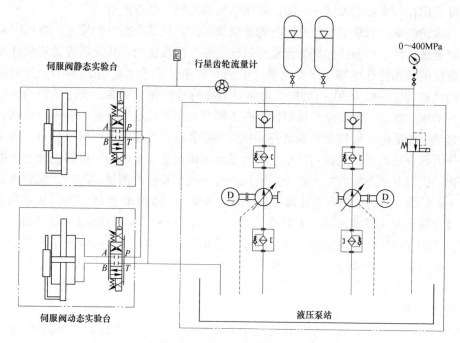

图 1-10　行星齿轮流量计标定实验液压系统原理图

（4）通过理论分析、实验以及计算机仿真，研究该类流量计的动态特性与被测系统流量、压力等参数的关系，研究齿轮转动惯量对流量计动态性能的影响，研究液体的惯性力对该类流量计动态性能的影响；

（5）设计、制作行星齿轮流量计并进行实验和标定，研究提高二次仪表测量精度的方法，如通过采用 2～4 对测量中心齿轮的转速传感器，测量出每转过 1/4 或 1/16 齿的瞬时转速（提高测量精度），得到相应的动态流量等。

通过流场分析软件来分析节流阀阀芯的结构形式、阀芯的形状及大小、阀芯的开口位置等对流场的影响，流量计的端面间隙、径向间隙大小对流量计内部泄漏的实际影响，并通过模型实验加以验证，得出相关结论，进而进一步确定行星齿轮流量计的结构形式。

液压系统动态流量的测试，特别是高压侧液体流量的测试已成为液压系统测试中的重点和难点之一，是制约液压测试系统完善和发展的瓶颈。我们设计的稳态和动态齿轮流量计可以分别测量出高压液压系统的稳态流量和动态流量，利用行星齿轮流量计实现对高压液压系统稳态流量的精确测量，同时利用微型节流行星齿轮流量计频率特性好的性质，设计了动态齿轮流量计的工作原理。

1.4.2.2　拟解决的问题

拟解决以下关键问题：

（1）动态行星齿轮流量计最佳端面间隙和径向间隙大小确定原则，研究该高精度动态流量计的设计和加工方法，研究其动态响应与结构参数间的关系；

（2）根据实验，确定最佳旁路流量大小与该流量计动态特性间的关系；

（3）动态流量计的标定方法及实验方案的确定。

1.4.2.3　研究的目的

通过对行星齿轮流量计的研究，达到以下目的：

（1）建立并完善行星齿轮流量计的基础理论研究框架；

（2）建立行星齿轮流量计的设计准则；

（3）确定影响行星齿轮流量计动态特性的主要因素及控制办法；

（4）确定流量计的动态特性测试方法。

1.4.3　研究技术方案

本书采用理论研究、有限元分析与实验分析相结合的方法，即先研究行星齿轮流量计的工作机理、流量特性、动态特性并对该类流量计进行结构参数的优化设计，再做模型设计和实验验证，对理论进行修正，并得出最终结论。具体技术路线如图 1-11 所示。

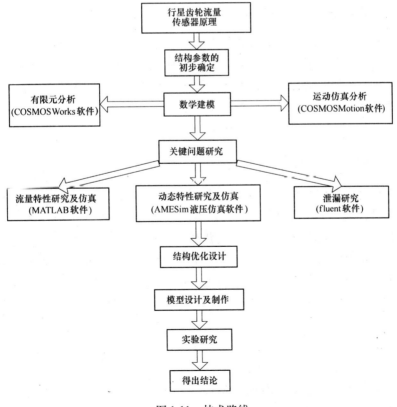

图 1-11　技术路线

2 行星齿轮流量计的原理与分析

本章从分析普通外啮合齿轮流量计、普通内啮合齿轮流量计工作原理入手，对行星齿轮流量计的工作原理进行分析，指出行星齿轮流量计的流量测量系统主要由两大部分组成：一是行星齿轮流量传感器，其主要功能是将被测液体的瞬时流量信号转换为齿轮的转速信号；二是齿轮测速系统，通过该系统的齿轮转速传感器测齿轮的转速，将齿轮的转速信号转换为电信号，然后通过放大器、A/D 转换器、数据采集卡，将数据输入单片机或计算机处理。通过对行星齿轮流量计的研究发现，该类流量计具有排量大、中心齿轮与内齿轮和行星齿轮所受的静态液压力与啮合力基本平衡、力学特性好的特点。本章对行星齿轮流量计的测速系统做了分析和设计，最后介绍了本书研究设计的动态齿轮流量计的工作原理。

2.1 行星齿轮流量计的原理

行星齿轮流量计在测量流量的过程中，主要包括两个关键的部分：一是要保证齿轮流量计的设计制造精度，并且要很好地解决其泄漏问题；二是在流量的测量过程中有一系列的信号转换，因此要很好地解决这些信号在转换过程中所存在的一系列问题，从而可以得到比较正确的信号，使这些信号装置的性能达到较高的水平。本章对齿轮流量计进行了初步的理论分析。

2.1.1 外啮合齿轮流量计

齿轮流量计根据结构原理可以分为椭圆齿轮流量计与圆柱齿轮流量计两大类，圆柱齿轮流量计又可分为普通外啮合齿轮流量计、普通内啮合齿轮流量计、多齿轮流量计和行星齿轮流量计。目前，普通外啮合齿轮流量计已形成产品，而其他几种流量计还处于研发阶段。

2.1.1.1 工作原理

外啮合齿轮流量计的工作原理如图 2-1 所示。一般情况下，它由一对相互啮合的齿轮、定子和前后盖板等组成，外啮合齿

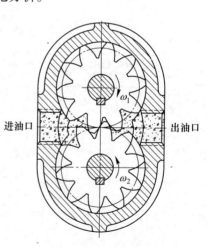

进油口　　　　　　　　出油口

图 2-1　外啮合齿轮流量计的
　　　　工作原理图

轮流量计的两个齿轮应具有相同的参数。当压力油从进油口进入后，推动该对齿轮旋转，将油液带入出油口，这就是普通外啮合齿轮流量计的工作原理。流量计连续不断地进油和出油，使得齿轮不停地旋转，通过测量齿轮的转速，就可确定通过齿轮流量计的流量大小。

2.1.1.2 排量

齿轮流量计的几何排量是指齿轮流量计齿轮旋转一周，由其几何尺寸计算得到的进、出液体的体积，等于齿轮流量计齿轮旋转一周时，一对轮齿在啮合过程中进出液体的体积 ΔV 和齿轮齿数 z 的乘积，即 $q = \Delta V z$。ΔV 计算起来很麻烦，一般在工程上，只采用近似计算方法。

假设齿间的工作容积（齿间容积减去径向齿隙容积）与轮齿的有效体积相等，则流量计的排量等于主动齿轮的所有齿间工作容积与所有轮齿有效体积之和，即等于主动齿轮齿顶圆与基圆之间的环形圆柱的体积。由此可得

$$q = 2\pi m^2 zB \times 10^{-3} \tag{2-1}$$

式中，q 为流量计排量，L；m 为齿轮模数，mm；z 为齿轮齿数；B 为齿轮宽度，mm。

由式（2-1）可见，流量计的排量 q 与模数 m 的平方成正比，与齿数 z 和齿宽 B 的一次方成正比。因为齿轮分度圆直径 d_f 与 m 和 z 的一次方成正比，它对齿轮流量计结构大小起重要作用。在设计齿轮流量计时，如要增大排量，增大模数比增加齿数更为有利。若要保持排量不变，使流量计的体积减小，则应增大模数和减少齿数。

2.1.1.3 平均流量

齿轮流量计的平均流量指的是在单位时间内通过流量计的液体体积，它与流量计的排量有以下关系：

$$Q_{wt} = q_w n \tag{2-2}$$

$$Q_w = Q_{wt} \eta_V = K_w n \tag{2-3}$$

$$K_w = q_w \eta_{wv}$$

式中，Q_{wt} 为流量计理论平均流量，L/min；Q_w 为流量计实际平均流量，L/min；q_w 为流量计的理论排量，L；n 为流量计齿轮转速，r/min；η_V 为流量计容积效率；K_w 为反映齿轮流量计的固有特性的一个系数；η_{wv} 为流量计的理论容积效率。

当流量计加工好后，K_w 值不变，因此，当测出齿轮的转速后，就能得到齿轮流量计的流量值。

2.1.1.4 特点

该类齿轮流量计结构简单，力学性能好，流量脉动虽较椭圆齿轮流量计小，但该类齿轮流量计的流量脉动仍较大，一般大于10%，是限制该类流量计使用

的主要障碍。

2.1.2　内啮合齿轮流量计

2.1.2.1　工作原理

内啮合齿轮流量计的工作原理如图 2-2 所示。一般情况下，它由一对相互啮合的内齿轮、小齿轮、密封块、前后盖板等组成，内啮合齿轮流量计的两个齿轮应具有相同的参数。当压力油从进油口进入后，推动该对齿轮旋转，将油液带入出油口，这就是普通内啮合齿轮流量计的工作原理。流量计连续不断地进油和出油，使得齿轮不停地旋转，通过测量内齿轮或小齿轮的转速，就可确定通过齿轮流量计的流量大小[29]。

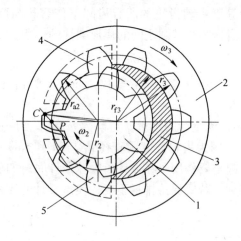

图 2-2　内啮合齿轮流量计的工作原理图

1—小齿轮；2—内齿轮；3—密封块；4—进油口；5—出油口

2.1.2.2　排量

内齿轮流量计的几何排量是指内齿轮流量计齿轮旋转一周，由其几何尺寸计算得到的进、出液体的体积，等于齿轮流量计内齿轮旋转一周时，一对轮齿在啮合过程中进出液体的体积 ΔV 和内齿轮齿数 z_3 的乘积，即 $q = \Delta V z_3$。

假设齿间的工作容积（齿间容积减去径向齿隙容积）与轮齿的有效体积相等，则齿轮流量计的排量等于内齿轮的所有齿间工作容积与所有轮齿有效体积之和，即等于内齿轮齿顶圆与基圆之间的环形圆柱的体积。由此可得

$$q_3 = 2\pi m^2 z_3 B \times 10^{-3} \tag{2-4}$$

式中，q_3 为内齿轮流量计排量，L；m 为齿轮模数，mm；z_3 为内齿轮齿数；B 为内齿轮宽度，mm。

由式（2-4）可见，内齿轮流量计的排量 q_3 与模数 m 的平方成正比，与齿数

z_3 和齿宽 B 的一次方成正比。因为齿轮分度圆直径 d_f 与 m，z_3 的一次方成正比，它对齿轮流量计结构大小起重要作用。在设计齿轮流量计时，若要增大排量，增大模数比增加齿数更为有利。若要保持排量不变，使流量计的体积减小，则应增大模数和减少齿数。

2.1.2.3 平均流量

内齿轮流量计的平均流量指的是在单位时间内通过流量计的液体体积。它与流量计的排量有以下关系：

$$Q_{nt} = q_3 n_3 \tag{2-5}$$

$$Q_n = Q_{nt} \eta_{nV} \tag{2-6}$$

式中，Q_{nt} 为流量计理论平均流量，L/min；Q_n 为流量计实际平均流量，L/min；q_3 为内齿轮流量计的排量，L；n_3 为流量计内齿轮转速，r/min；η_{nV} 为流量计容积效率。

2.1.2.4 特点

该类齿轮流量计结构简单，力学性质好，流量脉动较外啮合齿轮流量计小，但该类齿轮流量计的流量脉动一般仍大于 7%，仍是限制该类流量计使用的主要障碍。

2.1.3 三型行星齿轮流量计

根据径向齿轮的个数来分，有几个径向齿轮就称为几型，如三型行星齿轮流量计就是具有三个径向齿轮的齿轮流量计。

2.1.3.1 工作原理

三型行星齿轮流量计由中心轮、径向齿轮、内齿轮、密封块、配油盘、前后盖等部分组成，由内齿轮、三个径向齿轮、密封块、配油盘和前后盖等构成三个内啮合齿轮流量计，由中心轮、三个径向齿轮、密封块、配油盘和前后盖等构成三个外啮合齿轮流量计，配流盘为共用零件，密封块即是外齿轮流量计的壳体同时又是内齿轮流量计的隔离块。内齿轮流量计严格意义上的隔离元件由中心轮和密封块组成。三个径向齿轮成 120°均布。因此，三型行星齿轮流量计有六个进油口和六个出油口，经过配流，当压力油从进油口进油，从出油口出油时，带动中心轮、径向齿轮和内齿轮旋转，通过测量中心轮或内齿轮的转速，可得到通过该流量计的流量。

图 2-3 中的齿轮流量计由三个外齿轮流量计和三个内齿轮流量计构成，故称为三型行星齿轮流量计。

分析三型行星齿轮流量计工作原理可知，由三个内啮合齿轮流量计和三个外啮合齿轮流量计构成的三型行星齿轮流量计，具有六个进油口和六个出油口。进油口和出油口相对径向齿轮是对称的，故径向齿轮上径向液压力平衡。在中心轮

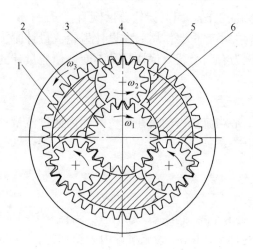

图 2-3　三型行星齿轮流量计的工作原理图
1—密封块；2—中心轮；3—径向齿轮；4—内齿轮；5—出油腔；6—进油腔

和内齿轮上，三个进油口和三个出油口是相间交替和沿圆周均布的，中心轮和内齿轮上的径向液压力也是平衡的。径向液压力的平衡可显著减小齿轮轴和轴承上的总作用力。这对于延长轴承寿命和提高机械效率是十分有益的。

2.1.3.2　三型行星齿轮流量计的几何排量及流量

中心轮转一周时，三型行星齿轮流量计密封工作容积的变化量为三型行星齿轮流量计的几何排量。对于标准齿轮，单个齿轮流量计的几何排量为主动轮的齿牙体积和齿谷容积之和。对于外啮合齿轮流量计，中心轮转一转时，单个外齿轮流量计的几何排量为 $2\pi m^2 z_1 B$；对于内齿轮流量计，中心轮转过 z_1 个齿时，径向齿轮必然转过 z_1 个齿，故单个内齿轮流量计的几何排量也可近似为 $2\pi m^2 z_1 B$，考虑到多流量计情况，则几何排量为：

$$q_m = 2Nq = 4N\pi m^2 z_1 B \tag{2-7}$$

$$q = 2\pi m^2 z_1 B$$

式中，q 为中心轮构成的外齿轮流量计几何排量，L；N 为径向齿轮数；m 为齿轮模数，mm；z_1 为中心轮齿数；B 为齿宽，mm。

对于三型行星齿轮流量计，由于径向齿轮数 N 通常等于 3，则有

$$q_m = 12\pi m^2 z_1 b \tag{2-8}$$

则平均理论流量 $\overline{Q}_t$ 为：

$$\overline{Q}_t = n_1 q_m = 12\pi m^2 z_1 b n_1 = 12\pi m^2 b z_2 n_2 = 12\pi m^2 b z_3 n_3 \tag{2-9}$$

式中，z_1 为中心轮齿数；z_2 为径向齿轮齿数；z_3 为内齿轮齿数；n_1 为中心轮转速，r/min；n_2 为径向齿轮转速，r/min；n_3 为内齿轮转速，r/min。

实际输出流量 Q 为：

$$Q = \overline{Q}_t\eta_{mV} = 12\pi m^2 z_1 bn_1\eta_{mV} = Kn_1 = K'n_3 \qquad (2\text{-}10)$$

$$K = 12\pi m^2 z_1 b\eta_{mV}$$

$$K' = K\frac{z_3}{z_1}$$

式中，η_{mV} 为三型行星齿轮流量计容积效率；K 为相对于 z_1 的 K 系数，L/r；K' 为相对于 z_3 的 K 系数，L/r。

当流量计做好后，系数 K'、K 就是常数，因此，当测出 n_1 或 n_3 后，就可以得到该类流量计的流量。

2.1.3.3　结构特点

三型行星齿轮流量计由一个中心齿轮与三个径向齿轮组成的三对错位叠加和一个内齿轮与三个径向齿轮组成的三对错位叠加组成。流量脉动与径向齿轮齿数的奇偶性有关。由于流量计的进出油口的压差一般约为 0.1MPa，所以中心轮、径向齿轮及内齿轮上所受的啮合力、液压力基本平衡。可采用轴向间隙补偿的方法，如采用浮动侧板结构来减小端面泄漏。

2.2　三型行星齿轮流量计特性分析

三型行星齿轮流量计具有以下特点：

（1）三型行星齿轮流量计的进、出油口的压力差非常小，一般约为 0.1MPa，即三型行星齿轮流量计的低压腔与高压腔的压力相差很小。

（2）中心齿轮所受的液压力是平衡的。

（3）由于中心轮、径向齿轮、内齿轮都是空负荷运转，故所受的啮合力非常小。

（4）由于其流量能实现错位叠加，流量脉动大大减小，一般为 1% 左右。

（5）由于三型行星齿轮流量计进出油口压差非常小，齿轮的负荷是很小的。它与一般传动齿轮的设计原则不尽相同，尽可能地选用轻质材料，以减小齿轮的转动惯量，并可选择轻系列的轴承，这对提高传感器的频响是很有利的。

由以上分析可知，三型行星齿轮流量计的力学特性非常好，因为流量计是串联在液压系统中的，故流量计本身的流量特性对被测系统有很大影响。众所周知，市面上的普通齿轮流量计（含椭圆齿轮流量计），它的流量脉动非常大，一般都大于 10%，有的甚至达到 30% ~ 40%，如此大的流量脉动，使得它们往往只能被串联在系统的低压侧。而三型行星齿轮流量计，它的流量脉动一般在 1% 左右，完全可以串联在高压液压系统中用于测量流量。

行星齿轮流量计的力学特性包括齿轮上的液压力、啮合力，两者合力及密封块上的液压力。若不计啮合位移而引起的高低区和过渡区的角度变化对上述作用力的影响，这时的力学特性称静态力学特性。考虑啮合位移对有关作用力的影响，则称瞬态力学特性。本章研究静力学特性[104]。

如前所述，普通齿轮流量计的静态径向液压力是不平衡的，而行星齿轮流量计的显著优点之一是静态径向液压力平衡，因为齿轮流量计相当于无负荷马达串联在高压系统，进、出油口均为压力油，且进、出油口的压力差非常小，因而齿轮轴（轴承）上的作用力非常小，这对于延长行星齿轮流量计的寿命是十分有益的。

行星齿轮流量计的结构示意和中心轮顺时针转动的进、出油口如图 2-4 所示，中心轮、径向轮和内齿轮上的压力分布如图 2-5 ~ 图 2-7 所示。p_i 和 p_o 分别表示进、出油口的压力，φ_i 和 φ_o 表示进、出油口对应的区间角，φ_l 表示进、出油口间的过渡区间，下标 1，2，3 分别表示中心轮、径向轮、内齿轮对应的区间角。

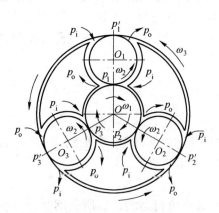

图 2-4　流量计吸、排液示意图

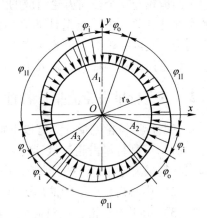

图 2-5　中心轮上压力分布图

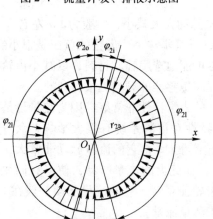

图 2-6　径向轮上压力分布图

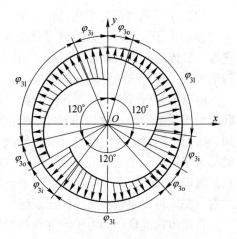

图 2-7　内齿轮上压力分布图

通过以上分析可得如下结论：

（1）行星齿轮流量计的中心轮、内齿轮在圆周上有三个相同压力分布区间，其静态径向液压力是平衡的（合力为零）；径向齿轮有两个相同的压力分布区间，静态径向液压力也是平衡的。

（2）在动态情况下，由于轮齿在出油口区-过渡区-进油口区理论区间角的分界线上的位移变化，将引起三个区间角的变化（三者之和为120°不变），产生瞬态径向液压力不平衡，但由于流量计进、出油口油压差非常小，故对径向液压力总体平衡性影响不大。在设计参数和结构尺寸确定的情况下，可做出定量分析。

2.3 齿轮流量计动态测量原理

齿轮动态流量计安装在伺服阀与阀块之间，由节流部分和微型齿轮流量计组成，节流部分主要是控制通过微型齿轮流量计的流量，微型齿轮流量计主要用于测量被测液压系统的动态特性。以此设计了阀杆节流和球阀节流两种节流形式，通过比较发现，阀杆节流对系统动态性能影响较小。齿轮动态流量计（阀杆式）的结构原理如图 2-8 所示，齿轮动态流量计（球阀式）的结构原理如图 2-9 所示。通过调节节流阀阀口的开口大小，可以调节通过微型齿轮流量计的流量大小。由于通过微型齿轮流量计的压差损失非常小，因此，在设计节流阀阀芯时，应尽量减小该阀芯对被测油路流态的影响，可以采用阀杆式或球阀式。

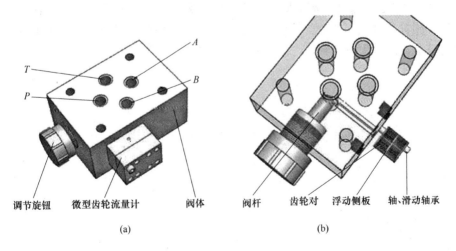

图 2-8 动态流量计（阀杆型）原理图

（a）三维实体图；（b）三维实体透视图

由于通过微型齿轮流量计的流量应小于等于主流量的10%，且采用两对相互错位的齿轮，其流量脉动只有普通外啮合齿轮流量计的1/4，以19齿为例，将

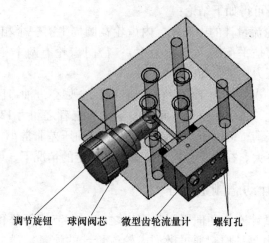

　　　　调节旋钮　　球阀阀芯　　微型齿轮流量计　　螺钉孔

图 2-9　动态流量计（球阀型）原理图

$z_1 = z_2 = 19$，$\alpha = 20°$代入普通外啮合齿轮流量计流量脉动公式 $\delta_w = \dfrac{2(Q_{max} - Q_{min})}{Q_{max} + Q_{min}} =$

$\dfrac{2\pi^2(z_3 - z_2)\cos^2\alpha}{8(2z_2z_3 + z_2 + z_3) - \pi^2(z_3 - z_2)\cos^2\alpha}$，可得 $\delta_w = 10.9\%$，而相互错位叠加后，流量脉动为 $\delta_{2w} = 2.72\%$，由于通过微型齿轮流量计的流量小于等于主阀流量的 1/10，所以由动态流量计产生的流量脉动引起的主油路流量脉动为 $\delta_{主油路} = 0.27\%$，故动态流量计的流量脉动对主油路的影响可以忽略不计。动态流量计主要用于测量被测系统的频率特性，可以通过安装在该微型齿轮流量计上的齿轮转速传感器来测量齿轮的转速，最后确定系统的动态特性。

3 齿轮流量计瞬态流量特性研究

齿轮流量计的流量脉动大一直是齿轮流量计难以克服的缺点，本章从分析普通外啮合齿轮流量计的瞬态流量入手，用控制变量法分析了普通外啮合齿轮流量计、普通内啮合流量计流量脉动与齿数间的关系，指出对普通外啮合齿轮流量计来说，齿轮的齿数越多，流量计的流量脉动越小，而对普通内啮合齿轮流量计来说，内齿轮齿数越多，流量脉动越大，指出要想真正地克服齿轮流量计流量脉动大的缺陷，必须采用错位叠加的方法，本章分析了实现齿轮流量计流量错位叠加的方法，推导了各类齿轮流量计的瞬时流量公式，并通过对三型外啮合、三型内啮合齿轮流量计流量特性的分析，找到了研究三型行星齿轮流量计流量脉动的方法，指出行星齿轮流量计流量的错位叠加，是降低齿轮流量计流量脉动的根本方法，最后得到了使三型行星齿轮流量计流量脉动最小的相关配齿条件，并对以上几种形式的齿轮流量计进行了瞬态流量特性仿真研究，为齿轮流量计的设计提供了理论依据。

3.1 外啮合齿轮流量计

3.1.1 瞬态流量分析

记任意单个外啮合齿轮流量计的瞬态流量为 $Q_{2wsh}(t)$，由外齿轮马达瞬态流量特性理论知[107]：

$$Q_{2wsh} = \frac{B\omega_1}{2}\left[2r_1'(h_1' + h_2') + h_1'^2 + \frac{r_1'}{r_2'}h_2'^2 - \left(1 + \frac{r_1'}{r_2'}\right)r_{e1}^2\varphi_1^2\right] \tag{3-1}$$

式中，Q_{2wsh} 为单个外啮合齿轮流量计的瞬态流量，L/min；r_1' 为中心轮节圆半径，$r_1' = mz_1/2$，mm；r_2' 为径向轮节圆半径，$r_2' = mz_2/2$，mm；h_1' 为中心轮齿顶高，$h_1' = m$，mm；h_2' 为径向轮齿顶高，$h_2' = m$，mm；ω_1 为中心轮的角速度，$\omega_1 = 2\pi Q/q$，rad/min；φ_1 为单个外啮合的啮合点角位移，$\varphi_1 = 2\pi/z_1$，rad/min；r_{e1} 为中心轮基圆半径，采用20°的标准压力角，则 $r_{e1} = mz_1\cos20°/2$，mm；B 为齿轮的宽度，mm。

将 $r_1', r_2', r_{e1}, h_1', h_2', \omega_1, \varphi_1, B$ 的值代入式（3-1）并化简得

$$Q_{2wsh} = \frac{Bm^2\omega_1}{2z_2}(2z_1z_2 + z_2 + z_1) - \frac{Bm^2\omega_1}{2z_2}(z_2 + z_1)\left(\frac{z_1\cos20°}{2}\right)^2\varphi_1^2 = a_1 - b_1\varphi_1^2$$

$$\tag{3-2}$$

将式（3-2）写成关于 φ_2 的关系式：

$$Q_{2wsh} = a_{11} - b_{11}\varphi_2^2 \tag{3-3}$$

其中

$$a_1 = \frac{B\omega_1 m^2}{2z_2}(2z_1 z_2 + z_2 + z_1) \tag{3-4}$$

$$b_1 = \frac{B\omega_1 m^2}{8z_2}(z_2 + z_1)z_1^2 \cos^2 20° \tag{3-5}$$

$$a_{11} = a_1 \tag{3-6}$$

$$b_{11} = b_1 z_2^2 / z_1^2 \tag{3-7}$$

3.1.2　流量脉动分析

由式（3-2）可知，普通外啮合齿轮流量计的最大、最小流量分别为：

$$Q_{max} = a_1 = \frac{B\omega_1 m^2}{2z_2}(2z_1 z_2 + z_2 + z_1) \tag{3-8}$$

$$Q_{min} = a_1 - b_1 \frac{\pi^2}{z_1^2} = \frac{B\omega_1 m^2}{2z_2}(2z_1 z_2 + z_2 + z_1) - \frac{B\omega_1 m^2 \pi^2}{8z_2}(z_2 + z_1)\cos^2 20° \tag{3-9}$$

由流量脉动的定义可知，外啮合齿轮流量计的流量脉动为：

$$\delta_w = \frac{2\pi^2(z_2 + z_1)\cos^2 20°}{8(2z_1 z_2 + z_2 + z_1) - \pi^2(z_2 + z_1)\cos^2 20°} \tag{3-10}$$

当 $z_1 = 19$，$z_2 = 14$ 时，将 z_1，z_2 代入式（3-10），可得外啮合齿轮流量计的流量脉动为 $\delta_w = 0.1273 = 12.73\%$。

根据式（3-10），当相互啮合的一对齿轮的齿数相等，即 $z_1 = z_2$ 时，齿轮流量计的流量脉动率随齿轮齿数的增加而减小，如图 3-1 所示。

假设齿轮 1 的齿数 z_1 固定时，齿轮流量计的流量脉动率随齿轮 2 的齿数 z_2 的增加而减小，如图 3-2 所示。当 z_1 趋于无穷大时，相当于一对齿轮 2 与齿条 1 在啮合，此时的流量脉动率的极限值为：

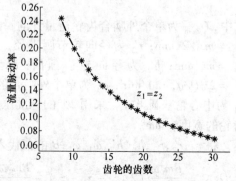

图 3-1　$z_1 = z_2$ 时齿轮流量计的
流量脉动随齿轮齿数的变化规律

$$\delta'_w = \frac{2\pi^2\cos^2 20°}{8(2z_2 + 1) - \pi^2\cos^2 20°} \tag{3-11}$$

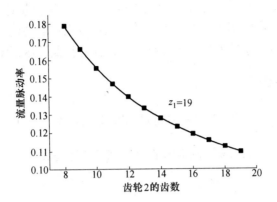

图 3-2 $z_1 = 19$ 时流量计的流量脉动率

随从动轮齿数 z_2 的变化规律

当 $z_2 = 19$ 时，$\delta'_w = 0.0575 = 5.75\%$，显然当 z_1，z_2 都趋于无穷大时，流量脉动率趋于零。

图 3-3 所示为齿轮 1，2 的齿数都在变化时，齿轮流量计流量脉动率的变化情况。由图 3-3 可以看出，小齿轮齿数的多少，对齿轮流量计的流量脉动有较大的影响，所以对于普通外啮合齿轮流量计来说，适当控制小齿轮的齿数，是减小齿轮流量计流量脉动率的有效方法之一。

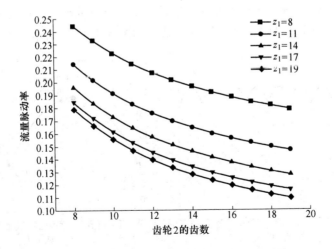

图 3-3 流量计的流量脉动率随从动轮齿数 z_2 的变化规律

从图 3-1 ~ 图 3-3 可以看出，流量计的流量脉动率是随齿轮齿数的增加而减少的，当 $z_1 = z_2 = 8$ 时，流量计的流量脉动率达 24.45%，当 $z_1 = z_2 = 30$ 时，流量计的流量脉动率仅为 7.05%，由此可以看出，当被测的流量信号经过普通齿轮流量计时，将产生流量脉动，进而产生压力脉动，如果该流量计用在低压回油侧，则对被测液压系统影响不大，但如果用于液压系统高压侧的流量测量，则流量计产生的压力脉动将使系统发生振动和噪声，进而对被测液压系统产生较大影响。

3.1.3　流量特性仿真

式（3-2）为普通外啮合齿轮流量计齿轮 1 的单个齿在 $\left[-\dfrac{\pi}{z_1}, \dfrac{\pi}{z_1} \right]$ 范围内的流量特性，那么在 $[0, 2\pi]$ 范围内的周期流量特性公式为：

$$Q_{2\text{wsh}} = a_1 - b_1 \left(\varphi_1 - \frac{2\pi}{z_1} k \right)^2$$

$$\left(k\frac{2\pi}{z_1} \leqslant \varphi_1 \leqslant (k+1)\frac{2\pi}{z_1}, \ k = 0,1,2,\cdots,z_1 - 1 \right) \tag{3-12}$$

式中，a_1，b_1 由式（3-4）和式（3-5）确定。

式（3-10）也可写成关于 φ_2 的关系式：

$$Q_{2\text{wsh}} = a_{11} - b_{11} \left(\varphi_2 - \frac{2\pi}{z_2} k \right)^2$$

$$\left(k\frac{2\pi}{z_2} \leqslant \varphi_2 \leqslant (k+1)\frac{2\pi}{z_2}, \ k = 0,1,2,\cdots,z_2 - 1 \right) \tag{3-13}$$

将已知参数代入式（3-12），$z_1 = 19$，$z_2 = 14$，$m = 3\text{mm}$，$B = 30\text{mm}$，$n_1 = 1450\text{r/m}$，$a_1 = B\omega_1 m^2 (2z_1 z_2 + z_1 + z_2)/(2z_2)$，$b_1 = B\omega_1 m^2 (z_1 + z_2) z_1^2 \cos^2(20°\pi/180°)/(8z_2)$。用 MATLAB 进行仿真，结果如图 3-4（a）所示，图 3-4（b）是

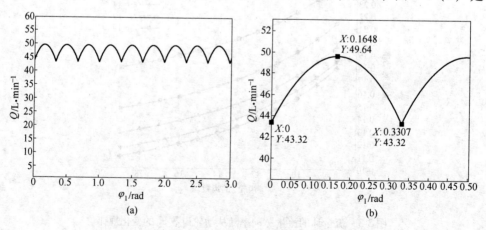

图 3-4　普通外啮合齿轮流量计流量特性仿真曲线

（a）仿真图；（b）局部放大图

图 3-4（a）的局部放大图，由图 3-4（b）可知，$Q_{max} = 49.64 \mathrm{L/min}$，$Q_{min} = 43.32 \mathrm{L/min}$，变化周期为 $\Delta\varphi_1 = 0.3307 \mathrm{rad}$，所以，流量脉动率为 $\delta = 14.63\%$。显然，如果将该齿轮流量计直接接入高压液压系统，将使系统产生强烈的振动和噪声，并破坏被测液压系统。

3.2 内啮合齿轮流量计

3.2.1 瞬态流量分析

由式（3-1）可以类似地得到单个内啮合齿轮计的瞬态流量公式如下：

$$Q_{nsh} = \frac{B\omega_2}{2}\left[2r'_2(h_{a2} + h_{a3}) + h_{a2}^2 + \frac{r'_2}{r'_3}h_{a3}^2 - \left(1 - \frac{r'_2}{r'_3}\right)r'^2_{3e}\varphi'^2_i\right] \quad (3\text{-}14)$$

式中，Q_{nsh} 为单个内啮合齿轮计的瞬态流量，下标 n 代表是内啮合齿轮流量计，$\mathrm{L/min}$；r'_2、r'_3 为行星齿轮、内齿轮内啮合的节圆半径，dm；h_{a2}、h_{a3} 为行星齿轮、内齿轮的齿顶高，mm；ω_2 为齿轮 2 的角速度，$\mathrm{rad/min}$；φ'_i 为单个内啮合的啮合点角位移，$\mathrm{rad/min}$；r'_{3e} 为内齿轮 3 的基圆半径，mm。

若标记：

$$a_2 = \frac{B\omega_2}{2}\left[2r'_2(h_{a2} + h_{a3}) + h_{a2}^2 + \frac{r'_2}{r'_3}h_{a3}^2\right] = \frac{Bm^2\omega_3(2z_2z_3 + z_2 + z_3)}{2z_2} \quad (3\text{-}15)$$

$$b_2 = \frac{B\omega_2}{2}\left(1 - \frac{r'_2}{r'_3}\right)r'^2_{3e} = \frac{Bm^2\omega_3 z_3^2(z_3 - z_2)\cos^2\alpha}{8z_2} \quad (3\text{-}16)$$

可得到 $Q_{nsh} = a_2 - b_2\varphi_{3i}^2$，把它改写为关于 φ_2 的表达式：

$$Q_{nsh} = a_{22} - b_{22}\varphi_2^2 \quad (3\text{-}17)$$

$$a_{22} = a_2 \quad (3\text{-}18)$$

$$b_{22} = b_2 z_3^2 / z_2^2 \quad (3\text{-}19)$$

3.2.2 流量脉动分析

由式（3-8）和式（3-9）可知，普通外啮合齿轮流量计的最大、最小流量分别为：

$$Q_{nmax} = a_2, \quad Q_{nmin} = a_2 - b_2\left(\frac{\pi}{z_3}\right)^2$$

又由式（3-12）可知，普通内啮合齿轮流量计的最大、最小流量分别为：

$$Q'_{nmax} = a_{22} = a_2, \quad Q'_{nmin} = a_{22} - b_{22}\left(\frac{\pi}{z_2}\right)^2 = a_2 - b_2\frac{\pi^2}{z_3^2} = Q_{nmin}$$

由流量脉动的定义可知，内啮合齿轮流量计的流量脉动为：

$$\delta_{n} = \frac{2(Q_{max} - Q_{min})}{Q_{max} + Q_{min}} = \frac{2\pi^2(z_3 - z_2)\cos^2\alpha}{8(2z_2z_3 + z_2 + z_3) - \pi^2(z_3 - z_2)\cos^2\alpha} \quad (3-20)$$

根据式（3-18），当齿轮 2 的齿数固定时，齿轮流量计的流量脉动率随内齿轮齿数的增加而增加，如图 3-5 所示。当齿轮 2 的齿数一定，内齿轮 3 的齿数趋于无穷大时，相当于一对齿轮齿条在啮合，此时的流量脉动率的极限值为：

$$\delta'_{n} = \frac{2\pi^2\cos^2 20°}{8(2z_2 + 1) - \pi^2\cos^2 2°} \quad (3-21)$$

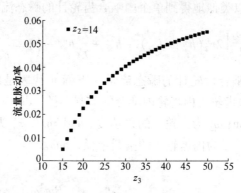

图 3-5　$z_2 = 14$ 时流量脉动与内齿轮齿数 z_3 的关系

比较式（3-11）和式（3-21）可以看出，$\delta'_{w} = \delta'_{n}$，当 $z_2 = 19$ 时，$\delta'_{n} = \delta'_{w} = 5.22\%$。这也就从另一个方面证明了式（3-11）和式（3-20）的正确性。

假设内齿轮 3 的齿数 z_3 固定时，齿轮流量计的流量脉动率随齿轮 2 的齿数 z_2 的增加而减小，如图 3-6 所示。当 z_2 为最大值 $z_3 - 1$ 时，$\alpha = 20°$ 其极值为：

$$\delta''_{n} = \frac{2\pi^2\cos^2\alpha}{8(2z_3^2 - 1) - \pi^2\cos^2\alpha} \quad (3-22)$$

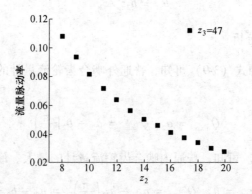

图 3-6　$z_3 = 47$ 时流量脉动与小齿轮齿数 z_2 的关系

图 3-7 所示为内齿轮齿数 z_3 分别为 43，47，50 和 52 时，流量计的流量脉动与齿轮 2 齿数 z_2 的关系。

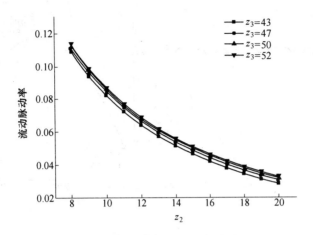

图 3-7　内齿轮齿数分别为 43，47，50，52 时
流量脉动与小齿轮齿数的关系

3.2.3　流量特性仿真

式（3-14）是普通内啮合齿轮流量计内齿轮 3 的单个齿在 $\left[-\dfrac{\pi}{z_3},\dfrac{\pi}{z_3}\right]$ 范围内的流量特性，那么在 $[0,2\pi]$ 范围内的周期流量特性公式为：

$$Q_{nsh} = a_2 - b_2\left(\varphi_3 - \frac{2\pi}{z_3}k\right)^2 \qquad (3-23)$$

$$\left(k\frac{2\pi}{z_3} \leqslant \varphi_3 \leqslant (k+1)\frac{2\pi}{z_3},\ k = 0,1,2,\cdots,z_3 - 1\right)$$

将式（3-21）写成关于 φ_2 的表达式：

$$Q_{nsh} = a_{22} - b_{22}\left(\varphi_2 - \frac{2\pi}{z_2}k\right)^2 \qquad (3-24)$$

$$\left(k\frac{2\pi}{z_2} \leqslant \varphi_2 \leqslant (k+1)\frac{2\pi}{z_2},\ k = 0,1,2,\cdots,z_2 - 1\right)$$

将已知参数代入式（3-22），$z_2 = 14$，$z_3 = 47$，$m = 3\text{mm}$，$B = 30\text{mm}$，$n_3 = 586.17\text{r/min}$。

用 MATLAB 进行仿真，结果如图 3-8（a）所示，图 3-8（b）是图 3-8（a）的局部放大图，由图 3-8（b）可知，$Q_{max} = 48.9\text{L/min}$，$Q_{min} = 46.35\text{L/min}$，变化周期为 $\Delta\varphi_3 = 0.134\text{rad}$，所以，流量脉动率为 $\delta = 5.36\%$。显然，如果将该齿轮流

量计直接接入高压液压系统，也将使系统发生强烈的振动和噪声，并破坏被测液压系统。

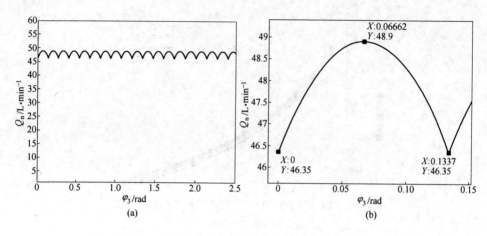

图 3-8 普通内啮合齿轮流量计流量特性仿真曲线
（a）仿真图；（b）局部放大图

3.3 三型外啮合齿轮流量计

3.3.1 瞬态流量分析

当 $\varphi_1 \in \left[-\dfrac{\pi}{z_1}, -\dfrac{\pi}{3z_1} \right]$ 时，通过三型齿轮流量传感器的流量由 Q_1，Q'_2，Q'_3 三条曲线叠加而成；当 $\varphi_1 \in \left(-\dfrac{\pi}{3z_1}, \dfrac{\pi}{3z_1} \right]$ 时，通过三型齿轮流量传感器的流量由 Q_1，Q_2，Q'_3 三条曲线叠加而成；当 $\varphi_1 \in \left(\dfrac{\pi}{3z_1}, \dfrac{\pi}{z_1} \right]$ 时，通过三型齿轮流量传感器的流量由 Q_1，Q_2，Q_3 三条曲线叠加而成，如图 3-9 所示。

$$Q'_2 = a_1 - b_1 \left(\varphi_1 + \frac{4\pi}{3z_1} \right)^2$$

$$Q_2 = a_1 - b_1 \left(\varphi_1 - \frac{2\pi}{3z_1} \right)^2$$

$$Q'_3 = a_1 - b_1 \left(\varphi_1 + \frac{2\pi}{3z_1} \right)^2$$

$$Q_3 = a_1 - b_1 \left(\varphi_1 - \frac{4\pi}{3z_1} \right)$$

$$Q'_1 = a_1 - b_1 \left(\varphi_1 + \frac{\pi}{3z_1} \right)^2$$

$$Q_1 = a_1 - b_1\left(\varphi_1 - \frac{\pi}{3z_1}\right)^2$$

错位叠加后流量 Q_{3wsh} 为：

$$Q_{3wsh} = \begin{cases} Q_1 + Q_2' + Q_3' & \left(-\dfrac{\pi}{z_1} \leqslant \varphi_1 \leqslant -\dfrac{\pi}{3z_1}\right) \\[2mm] Q_1 + Q_2 + Q_3' & \left(-\dfrac{\pi}{3z_1} \leqslant \varphi_1 \leqslant \dfrac{\pi}{3z_1}\right) \\[2mm] Q_1 + Q_2 + Q_3 & \left(\dfrac{\pi}{3z_1} \leqslant \varphi_1 \leqslant -\dfrac{\pi}{z_1}\right) \end{cases} \tag{3-25}$$

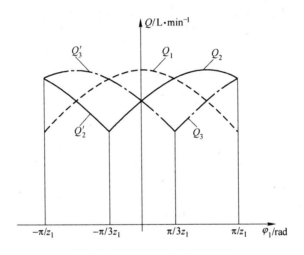

图 3-9 流量的错位叠加原理图

将 $Q_1, Q_2, Q_2', Q_3, Q_3'$ 带入式（3-23）并化简得

$$Q_{3wsh} = \begin{cases} 3a_1 - \dfrac{8\pi^2}{9z_1^2} - 3b_1\left(\varphi_1 + \dfrac{2\pi}{3z_1}\right)^2 & \left(-\dfrac{\pi}{z_1} \leqslant \varphi_1 \leqslant -\dfrac{\pi}{3z_1}\right) \\[3mm] 3a_1 - \dfrac{8\pi^2}{9z_1^2} - 3b_1\varphi_1^2 & \left(-\dfrac{\pi}{3z_1} \leqslant \varphi_1 \leqslant \dfrac{\pi}{3z_1}\right) \\[3mm] 3a_1 - \dfrac{8\pi^2}{9z_1^2} - 3b_1\left(\varphi_1 - \dfrac{2\pi}{3z_1}\right)^2 & \left(\dfrac{\pi}{3z_1} \leqslant \varphi_1 \leqslant -\dfrac{\pi}{z_1}\right) \end{cases} \tag{3-26}$$

将式（3-24）化简得

$$Q_{3wsh} = \begin{cases} A_1 - B_1\left(\varphi_1 + \dfrac{2\pi}{3z_1}\right)^2 & \left(-\dfrac{\pi}{z_1} \leqslant \varphi_1 \leqslant -\dfrac{\pi}{3z_1}\right) \\[3mm] A_1 - B_1\varphi_1^2 & \left(-\dfrac{\pi}{3z_1} \leqslant \varphi_1 \leqslant \dfrac{\pi}{3z_1}\right) \\[3mm] A_1 - B_1\left(\varphi_1 - \dfrac{2\pi}{3z_1}\right)^2 & \left(\dfrac{\pi}{3z_1} \leqslant \varphi_1 \leqslant \dfrac{\pi}{z_1}\right) \end{cases} \tag{3-27}$$

式中

$$A_1 = 3a_1 - \frac{8\pi^2}{9z_1^2}$$　　　　(3-28)

$$B_1 = 3b_1$$　　　　(3-29)

可将式（3-25）合并成：

$$Q_{3wsh} = A_1 - B_1\left(\varphi_1 - \frac{2\pi\beta}{3z_1}\right)^2 \quad \left(-\frac{\pi}{z_1} \leqslant \varphi_1 \leqslant \frac{\pi}{z_1}, \beta = -1, 0, 1\right)$$　　(3-30)

同理，也可写成关于 φ_2 的表达式：

$$Q_{3wsh} = A_{11} - B_{11}\left(\varphi_2 - \frac{2\pi\beta}{3z_2}\right)^2 \quad \left(-\frac{\pi}{z_2} \leqslant \varphi \leqslant \frac{\pi}{z_2}, \beta = -1, 0, 1\right)$$　(3-31)

式中

$$A_{11} = A_1$$　　　　(3-32)

$$B_{11} = B_1 \frac{z_2^2}{z_1^2}$$　　　　(3-33)

3.3.2　流量脉动分析

对式（3-30）求导并令 $\mathrm{d}Q_{3wsh} = 0$ 得

$$\varphi_1 = \frac{2\pi\beta}{3z_1}, \beta = -1, 0, 1$$

显然，φ_1 在 $-\frac{2\pi}{3z_1}$，0，$\frac{2\pi}{3z_1}$ 处，Q_{3wsh} 分别取得极大值，φ_1 在 $-\frac{\pi}{z_1}$，$-\frac{\pi}{3z_1}$，$\frac{\pi}{3z_1}$，$\frac{\pi}{z_1}$ 处，Q_{3wsh} 分别取得极小值。

$$Q_{3wmax} = A_1, \quad Q_{3wmin} = A_1 - \frac{B_1\pi^2}{9z_1^2}, \quad Q_m = \frac{Q_{max} + Q_{min}}{2} = \left(2A_1 - \frac{B_1\pi^2}{9z_1^2}\right)\Big/2$$

$$\delta_{3w} = \frac{6b_1\pi^2}{54a_1z_1^2 - 16\pi^2 - 3b_1\pi^2}$$　　　　(3-34)

式中，a_1，b_1 由式（3-4）和式（3-5）确定。

同理，对式（3-31）求导，并令 $\mathrm{d}Q_{3wsh} = 0$ 得

$$\varphi_2 = \frac{2\pi\beta}{3z_2}, \beta = -1, 0, 1$$

显然，φ_2 在 $-\frac{2\pi}{3z_2}$，0，$\frac{2\pi}{3z_2}$ 处，Q_{3wsh} 分别取得极大值，φ_2 在 $-\frac{\pi}{z_2}$，$-\frac{\pi}{3z_2}$，$\frac{\pi}{3z_2}$，$\frac{\pi}{z_2}$ 处，Q_{3wsh} 分别取得极小值，极大值和极小值分别为 $Q_{3wmax} = A_{11}$，$Q_{3wmin} = A_{11} -$

$\dfrac{B_{11}\pi^2}{9z_2^2}$。其中，$A_{11}$，$B_{11}$ 由式（3-32）和式（3-33）确定。

当 $z_1 = 19$，$z_2 = 14$ 时，三型外啮合齿轮流量计的流量脉动为 $\sigma_{3w} = 0.0145 = 1.45\%$。显然，和普通外啮合齿轮流量计相比，三型外啮合齿轮流量计的流量脉动大约只有普通齿轮流量计流量脉动的 1/9，流量特性得到明显的改善。

3.3.3 流量特性仿真

式（3-30）是三型多齿轮流量计中心齿轮 1 的单个齿在 $\left[-\dfrac{\pi}{z_1}, \dfrac{\pi}{z_1}\right]$ 范围内的流量特性，那么在 $[0, 2\pi]$ 范围内的周期流量特性公式为：

$$Q_{3wsh} = A_1 - B_1\left(\varphi_1 - \dfrac{2\pi k}{3z_1}\right)^2$$

$$\left(-\dfrac{\pi}{z_1} \leqslant \varphi_1 \leqslant \dfrac{\pi}{z_1}, k = -1, 0, 1, 2, 3, \cdots, 3z_1 - 2\right) \quad (3\text{-}35)$$

式中，A_1，B_1 由式（3-28）和式（3-29）确定。

式（3-33）也可写成关于 φ_2 的表达式：

$$Q_{3wsh} = A_{11} - B_{11}\left(\varphi_2 - \dfrac{2\pi k}{3z_2}\right)^2$$

$$\left(-\dfrac{\pi}{z_2} \leqslant \varphi_2 \leqslant \dfrac{\pi}{z_2}, k = -1, 0, 1, 2, 3, \cdots, 3z_2 - 2\right) \quad (3\text{-}36)$$

式中，A_{11} 和 B_{11} 由式（3-32）和式（3-33）确定。

将已知参数代入式（3-35）和式（3-36），$z_1 = 19$，$z_2 = 14$，$m = 3$mm，$B = 30$mm，$n_1 = 1450$r/m。用 MATLAB 进行仿真，结果如图 3-10（a）所示，图 3-10（b）是图 3-10（a）的局部放大图，由图 3-10（b）可知，$Q_{max} = 143.3$L/min，

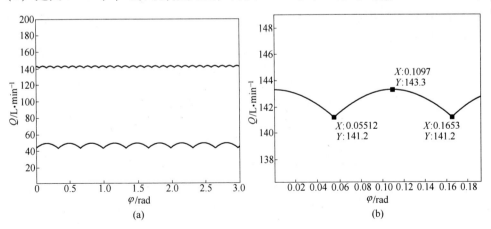

图 3-10　三型多齿轮流量计流量特性仿真曲线

（a）仿真图；（b）局部放大图

$Q_{\min} = 141.2 \text{L/min}$，变化周期为 $\Delta\varphi_1 = 0.110 \text{rad}$，齿轮 2 的转角变化周期为 $\Delta\varphi_2 = \Delta\varphi_1 z_1 / z_2 = 0.149 \text{rad}$，所以，流量脉动率为 $\delta = 1.48\%$。显然，如果将该齿轮流量计直接接入高压液压系统，所产生的振动对被测液压系统影响不大。

3.3.4　中心齿轮齿数与流量的错位叠加关系

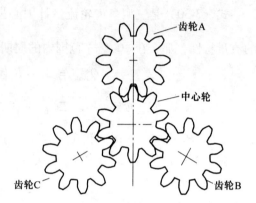

中心轮每齿转角为 $\dfrac{2\pi}{z_1}$，对于如图 3-11 所示的三型齿轮流量计来说，三个径向齿轮的径向安装位置应相互错位 120°角，即安装位置分别为 $\dfrac{2\pi}{z_1}$，$\dfrac{2\pi}{z_1} + \dfrac{2\pi}{3}$，$\dfrac{2\pi}{z_1} + \dfrac{4\pi}{3}$，当中心轮（如图 3-12 所示）齿数 z_1（对于三型齿轮流量计来说）为 $3k \pm 1$ 时（$k = 1,2,3,\cdots$），将 z_1 为 $3k \pm 1$ 代入以上三个安装位置，并化简后得 $\dfrac{2\pi}{z_1}$，$\dfrac{2k\pi}{z_1} + \dfrac{2\pi}{3z_1}$，$\dfrac{4k\pi}{z_1} + \dfrac{4\pi}{3z_1}$，即三个安装位置分别错位 $\dfrac{2\pi}{3z_1}$。假设第一个径向齿轮的安装位置为零位

图 3-11　三径向轮齿轮流量计
齿轮位置关系

置，那么第一、第二、第三个径向齿轮的安装位置分别是 0，$\dfrac{2\pi}{3z_1}$，$\dfrac{4\pi}{3z_1}$，三个径向齿轮按这样位置进行错位安装，三型齿轮流量计正好实现流量的错位叠加。当中心轮齿数为 $z_1 = 3k$ 时（以 9 齿为例），其径向轮错位安装展开图如图 3-13 所示，当中心轮齿数为 $z_1 = 3k - 1$ 时（以 8 齿为例），其径向轮展开图如图 3-14 所示。

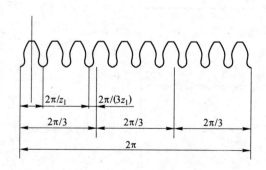

图 3-12　中心齿轮 $z_1 = 3k + 1$ 时（以 10 齿为例）
径向轮错位安装展开图

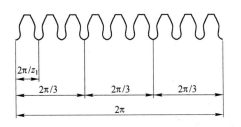

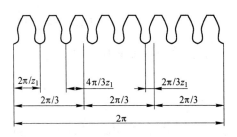

图 3-13　中心齿轮 $z_1 = 3k$ 时（以 9 齿为例）径向轮错位安装展开图

图 3-14　中心齿轮 $z_1 = 3k - 1$ 时（以 8 齿为例）径向轮错位安装展开图

3.4　三型内啮合齿轮流量计

3.4.1　瞬态流量分析

三型内啮合齿轮流量计的流量错位叠加示意图如图 3-15 所示[108, 109]。

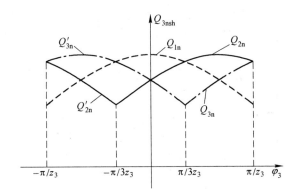

图 3-15　流量错位叠加示意图

图中

$$Q_{1n} = a_2 - b_2 \varphi_3^2$$

$$Q_{2n} = a_2 - b_2 \left(\varphi_3 - \frac{2\pi}{3z_3} \right)^2$$

$$Q_{3n} = a_2 - b_2 \left(\varphi_3 - \frac{4\pi}{3z_3} \right)^2$$

$$Q'_{2n} = a_2 - b_2 \left(\varphi_3 + \frac{4\pi}{3z_3} \right)^2$$

$$Q'_{3n} = a_2 - b_2 \left(\varphi_3 + \frac{2\pi}{3z_3} \right)^2$$

$$Q_{3nsh} = \sum_{i=1}^{3} Q_{nsh} = 3a_2 - b_2 \sum_{i=1}^{3} \varphi_{3i}^2 \tag{3-37}$$

错位叠加后流量 Q_{3nsh} 为：

$$Q_{3nsh} = \begin{cases} Q_{1n} + Q'_{2n} + Q'_{3n} & \left(-\dfrac{\pi}{z_3} \leqslant \varphi_3 \leqslant -\dfrac{\pi}{3z_3} \right) \\[2mm] Q_{1n} + Q_{2n} + Q'_{3n} & \left(-\dfrac{\pi}{3z_3} \leqslant \varphi_3 \leqslant \dfrac{\pi}{3z_3} \right) \\[2mm] Q_{1n} + Q_{2n} + Q_{3n} & \left(\dfrac{\pi}{3z_3} \leqslant \varphi_3 \leqslant \dfrac{\pi}{z_3} \right) \end{cases}$$

化简得

$$Q_{3nsh} = \begin{cases} 3a_2 - \dfrac{8\pi^2}{9z_3^2} - 3b_2\left(\varphi_3 + \dfrac{2\pi}{3z_3} \right)^2 & \left(-\dfrac{\pi}{z_3} \leqslant \varphi_3 \leqslant -\dfrac{\pi}{3z_3} \right) \\[2mm] 3a_2 - \dfrac{8\pi^2}{9z_3^2} - 3b_2\varphi_3^2 & \left(-\dfrac{\pi}{3z_3} \leqslant \varphi_3 \leqslant \dfrac{\pi}{3z_3} \right) \\[2mm] 3a_2 - \dfrac{8\pi^2}{9z_3^2} - 3b_2\left(\varphi_3 - \dfrac{2\pi}{3z_3} \right)^2 & \left(\dfrac{\pi}{3z_3} \leqslant \varphi_3 \leqslant \dfrac{\pi}{z_3} \right) \end{cases} \tag{3-38}$$

即

$$Q_{3wsh} = \begin{cases} A_2 - B_2\left(\varphi_3 + \dfrac{2\pi}{3z_3} \right)^2 & \left(-\dfrac{\pi}{z_3} \leqslant \varphi_3 \leqslant -\dfrac{\pi}{3z_3} \right) & (l_1) \\[2mm] A_2 - B_2\varphi_3^2 & \left(-\dfrac{\pi}{3z_3} \leqslant \varphi_3 \leqslant \dfrac{\pi}{3z_3} \right) & (l_2) \\[2mm] A_2 - B_2\left(\varphi_3 - \dfrac{2\pi}{3z_3} \right)^2 & \left(\dfrac{\pi}{3z_3} \leqslant \varphi_3 \leqslant \dfrac{\pi}{z_3} \right) & (l_3) \end{cases} \tag{3-39}$$

通过比较曲线 l_1, l_2, l_3 可以看出，将曲线 l_1 向右平移 $\dfrac{2\pi}{3z_3}$，将曲线 l_3 向左平移 $\dfrac{2\pi}{3z_3}$ 后，l_1 和 l_3 均和曲线 l_2 重合，即式（3-37）可以简写为如下公式：

$$Q_{3nsh} = A_2 - B_2\left(\varphi_3 - \dfrac{2\pi\beta}{3z_3} \right)^2 \quad \left(-\dfrac{\pi}{z_3} \leqslant \varphi_3 \leqslant \dfrac{\pi}{z_3}, \beta = -1, 0, 1 \right) \tag{3-40}$$

其中

$$A_2 = 3a_2 - \dfrac{8\pi^2}{9z_3^2} \tag{3-41}$$

$$B_2 = 3b_2 \tag{3-42}$$

式（3-38）也可写成关于 φ_2 的表达式：

$$Q_{3nsh} = A_{22} - B_{22}\left(\varphi_2 - \frac{2\pi\beta}{3z_2}\right)^2 \quad \left(-\frac{\pi}{z_2} \leqslant \varphi_2 \leqslant \frac{\pi}{z_2}, \beta = -1, 0, 1\right) \quad (3\text{-}43)$$

其中

$$A_{22} = A_2 \quad (3\text{-}44)$$

$$B_{22} = B_2\left(\frac{z_2}{z_3}\right)^2 \quad (3\text{-}45)$$

3.4.2　流量脉动分析

将式（3-40）对 φ_3 求导并令 $\mathrm{d}Q_{3nsh} = 0$，得 $\mathrm{d}\left(\varphi_3 - \frac{2\pi\beta}{3z_3}\right)^2 = 0$，$\varphi_3 = \frac{2\pi\beta}{3z_3}$

（$\beta = -1, 0, 1$），所以 φ_3 在 $-\frac{2\pi}{3z_3}$，0，$\frac{2\pi}{3z_3}$ 处，Q 分别取得极大值 Q_{3nmax}，φ_3 在 $-\frac{\pi}{z_3}$，

$-\frac{\pi}{3z_3}$，$\frac{\pi}{3z_3}$，$\frac{\pi}{z_3}$ 处，Q 分别取得极小值 Q_{3nmin}，且 Q_{3nmax}，Q_{3nmin}，Q_{3nm} 分别为 $Q_{3nmax} = A_2$，$Q_{3nmin} = A_2 - \frac{B_2\pi^2}{9z_3^2}$，$Q_{3nm} = \frac{Q_{3nmax} + Q_{3nmin}}{2} = \left(A_2 - \frac{B_2\pi^2}{18z_3^2}\right)$。

将 Q_{3nmax}，Q_{3nmin}，Q_{3nm} 代入流量脉动公式并化简得

$$\rho_{3n} = \frac{6b_2\pi^2}{54a_2z_3^2 - 16\pi^2 - 3b_2\pi^2} \quad (3\text{-}46)$$

式中，系数 a_2，b_2 由式（3-15）和式（3-16）确定。

当 $z_2 = 14$，$z_3 = 47$ 时，三型外啮合齿轮流量计的流量脉动为 $\sigma_{3n} = 0.65\%$。显然，和普通内啮合齿轮流量计相比，三型内啮合齿轮流量计的流量脉动大约只有普通内啮合齿轮流量计流量脉动的 1/9，流量特性得到明显的改善。

3.4.3　流量特性仿真

将式（3-40）写成在 $[0, 2\pi]$ 范围内的周期流量特性公式为：

$$Q_{3nsh} = A_2 - B_2\left(\varphi_3 - \frac{2\pi\beta}{3z_3}\right)^2$$

$$\left(-\frac{\pi}{z_3} \leqslant \varphi_3 \leqslant \frac{\pi}{z_3}, \beta = 0, 1, 2, 3, \cdots, 3z_3 - 1\right) \quad (3\text{-}47)$$

式中，A_2，B_2 由式（3-41）和式（3-42）确定。

式（3-45）也可写成关于 φ_2 的表达式：

$$Q_{3nsh} = A_{22} - B_{22}\left(\varphi_2 - \frac{2\pi\beta}{3z_2}\right)^2$$

$$\left(-\frac{\pi}{z_2} \leqslant \varphi_2 \leqslant \frac{\pi}{z_2}, \beta = -1, 0, 1, 2, 3, \cdots, 3z_2 - 2\right) \quad (3\text{-}48)$$

式中，A_{22}，B_{22} 由式（3-44）和式（3-45）确定，代入已知条件，则 $A_{22} = 146.7$，$B_{22} = 152.1$，$Q_{3nmax} = 146.7$，$Q_{3nmin} = 145.9$，$Q_{3nm} = 146.28$，$\delta_{3n} = 0.58\%$。

内齿轮转角变化周期为 $\Delta\varphi_3 = 0.04434\text{rad}$，齿轮 2 的转角变化周期为 $\Delta\varphi_2 = \Delta\varphi_3(z_3/z_2) = 0.149\text{rad}$。

根据上述数据在 MATLAB 中进行仿真，可得到三型内啮合齿轮流量计流量特性仿真曲线，如图 3-16 所示。

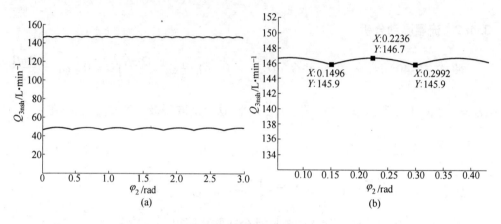

图 3-16　三型内啮合齿轮流量计流量特性仿真曲线
（a）仿真图；（b）局部放大图

3.4.4　内齿轮齿数与流量的错位叠加关系

内齿轮 3 的每齿转角为 $\dfrac{2\pi}{z_3}$，对于如图 3-11 所示的三型内齿轮流量计来说，三个径向齿轮 2 的径向安装位置应相互错位 120° 角，即安装位置分别为 $\dfrac{2\pi}{z_3}$，$\dfrac{2\pi}{z_3} + \dfrac{2\pi}{3}$，$\dfrac{2\pi}{z_3} + \dfrac{4\pi}{3}$，当内齿轮齿数 z_3（对于三型内齿轮流量计来说）为 $3k \pm 1$ 时（$k = 1$，2，3，…），将 z_3 为 $3k \pm 1$ 代入以上三个安装位置，化简后得 $\dfrac{2\pi}{z_3}$，$\dfrac{2k\pi}{z_3} + \dfrac{2\pi}{3z_3}$，$\dfrac{4k\pi}{z_1} + \dfrac{4\pi}{3z_3}$，即三个安装位置分别错位 $\dfrac{2\pi}{3z_3}$。不妨以 $3k + 1$ 为例，并假设第一个径向齿轮 2 的安装位置为零位置，那么三个径向齿轮的安装位置分别是 0，$\dfrac{2\pi}{3z_3}$，$\dfrac{4\pi}{3z_3}$，三个内齿轮按这样错位安装，流量计正好能实现流量的错位叠加。

3.5　三型行星齿轮流量计

三型行星齿轮流量计的结构如图 2-3 所示，为了便于分析，在分析瞬态流量时，三对外啮合齿轮的瞬态流量和三对内啮合齿轮的瞬态流量均转换为关于 φ_2 的关系表达式。

3.5.1 齿轮齿数选择与流量的错位叠加关系

为了能实现流量的错位叠加，从以上分析可以得到以下结论：中心齿轮的齿数应为 $3k \pm 1$，内齿轮的齿数应为 $3k \pm 1$，行星轮的齿数应在满足以上两个条件的同时，满足 $z_2 = \dfrac{z_3 - z_1}{2}$。

在齿轮流量计的实际设计中考虑到高低压腔要有至少两齿以上的密封，因此在中心轮的齿数选择上，一般应 $z_1 \geqslant 17$，$z_2 < z_1$。表 3-1 ~ 表 3-3 列出了 z_1, z_2, z_3 的可能组合。当 $z_1 = 19$ 时，可以算出 z_2 和 z_3 的齿数，此时 z_2 和 z_3 的各种组合的装配关系如图 3-17 和图 3-18 所示。

表 3-1 $z_1 = 13$，14 时 z_2，z_3 的可能组合

$z_1 = 13$				
z_2	8	9	11	12
z_3	29	31	35	37

$z_1 = 14$				
z_2	9	10	12	13
z_3	32	34	38	40

表 3-2 $z_1 = 16$，17 时 z_2，z_3 的可能组合

$z_1 = 16$					
z_2	8	9	11	12	14	15
z_3	32	34	38	40	44	46

$z_1 = 17$					
z_2	9	10	12	13	15	16
z_3	35	37	41	43	47	49

表 3-3 $z_1 = 19$，20 时 z_2，z_3 的可能组合

$z_1 = 19$							
z_2	8	9	11	12	14	15	17	18
z_3	35	37	41	43	47	49	53	55

$z_1 = 20$							
z_2	9	10	12	13	15	16	18	19
z_3	38	40	44	46	50	52	56	58

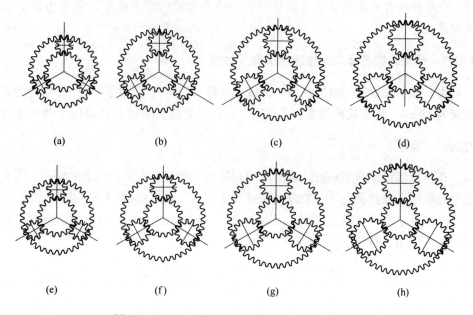

图 3-17　$z_1 = 19$ 时 z_2，z_3 的各种组合的装配关系

（a）$z_2 = 8$，$z_3 = 35$；（b）$z_2 = 11$，$z_3 = 41$；（c）$z_2 = 14$，$z_3 = 47$；（d）$z_2 = 17$，$z_3 = 53$；

（e）$z_2 = 9$，$z_3 = 37$；（f）$z_2 = 12$，$z_3 = 43$；（g）$z_2 = 15$，$z_3 = 49$；（h）$z_2 = 18$，$z_3 = 55$

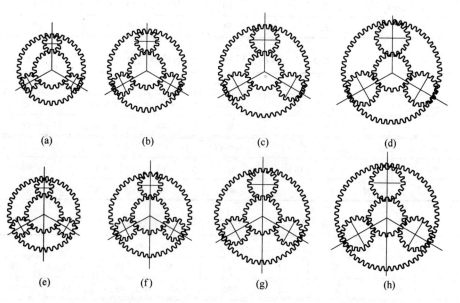

图 3-18　$z_1 = 20$ 时 z_2，z_3 的各种组合的装配关系

（a）$z_2 = 9$，$z_3 = 38$；（b）$z_2 = 12$，$z_3 = 44$；（c）$z_2 = 15$，$z_3 = 50$；（d）$z_2 = 18$，$z_3 = 56$；

（e）$z_2 = 10$，$z_3 = 40$；（f）$z_2 = 13$，$z_3 = 46$；（g）$z_2 = 16$，$z_3 = 52$；（h）$z_2 = 19$，$z_3 = 58$

中心齿轮、内齿轮的周向安装条件与各自齿数的关系：内齿轮的转动方向是和中心齿轮的转动方向相反的，当内齿轮逆时针转动 $\frac{2\pi}{3}$ 角度时，中心齿轮需要顺时针转动 $\frac{4\pi}{3}$ 角度，当内齿轮逆时针转动 $\frac{4\pi}{3}$ 角度时，中心齿轮需要顺时针转动 $\frac{4\pi}{3}+\frac{4\pi}{3}=2\pi+\frac{2\pi}{3}$ 角度，即相当于中心齿轮转动了 $\frac{2\pi}{3}$，那么，当内齿轮逆时针转动了 $\frac{2\pi}{3}$ 角度时，共转过了多少个完整齿和多大的非完整齿呢？下面就来讨论这个问题。当 $z_3=3k+1$ 时，内齿轮一齿的角度是 $\frac{2\pi}{z_3}$，当内齿轮逆时针转动了 $\frac{2\pi}{3}$ 角度时，设共有 n 个完整齿通过，非完整齿的度数为 x，则 $\frac{2\pi}{z_3}n+x=\frac{2\pi}{3}$，得 $n=k$，$x=\frac{2\pi}{3z_3}$；现在考察，当内齿轮逆时针转动了 $\frac{2\pi}{3}$ 角度时，中心齿轮需顺时针转动 $\frac{4\pi}{3}$，当 $z_1=3k+2$ 时，非完整角度为 $\frac{2\pi}{3z_1}$。这样就能保证中心齿轮、内齿轮的周向安装条件，显然，如果此时 $z_1=3k+1$，非完整角度为 $\frac{4\pi}{3z_1}$，就不满足 z_1，z_3 的周向安装条件。同理，当 $z_3=3k+2$ 时，内齿轮一齿的角度是 $\frac{2\pi}{z_3}$，当内齿轮逆时针转动了 $\frac{2\pi}{3}$ 角度时，设共有 n 个完整齿通过，非完整齿的度数为 x，则 $\frac{2\pi}{z_3}n+x=\frac{4\pi}{3}$，得 $n=k$，$x=\frac{4\pi}{3z_3}$，当 $z_1=3k+1$ 时，非完整角度为 $\frac{4\pi}{3z_1}$，就能满足 z_1，z_3 的周向安装条件，而当 $z_1=3k+2$ 时，非完整角度为 $\frac{2\pi}{3z_1}$，就不能保证中心齿轮、内齿轮的周向安装条件。显然，z_1，z_3 的周向安装条件和行星齿轮的齿数无关。

小结如下：

（1）根据三外啮合齿轮流量脉动错位叠加的原则可得，中心齿轮的齿数为非3的整数倍数，即 $z_1=3k+1$ 或 $z_1=3k+2$。

（2）根据三内啮合齿轮流量脉动错位叠加的原则可得，内齿轮的齿数为非3的整数倍数，即 $z_3=3k'+1$ 或 $z_3=3k'+2$。

（3）根据经中心轮、行星齿轮、内齿轮的径向安装条件，$z_3=z_1+2z_2$。

（4）根据经中心轮、行星齿轮、内齿轮的径向安装条件，$z_1=3k+1$ 时，$z_3=3k'+2$；当 $z_1=3k+2$ 时，$z_3=3k'+1$。

（5）根据外啮合、内啮合流量错位叠加的原则，z_2 为奇数。

为了使三对外齿轮啮合和三对内齿轮啮合时流量能实现错位叠加，z_1，z_2，

z_3 应分别满足如下关系：（1）当 $z_1 = 3k - 1$ 时，$z_3 = z_1 + 2z_2$，$z_3 = 3n + 1$，z_2 为奇数；（2）当 $z_1 = 3k + 1$ 时，$z_3 = z_1 + 2z_2$，$z_3 = 3n - 1$，z_2 为奇数。在满足以上条件时，流量计脉动将达到最小，当然，z_2 是否为奇数，对最终的流量脉动结果影响不大，因为，三对内齿轮错位叠加后，其流量脉动已很小，在和三对外齿轮错位叠加后的流量进行错位叠加的意义不大，只能说 z_2 为奇数是最佳选择，但不是必须选择；而 z_1，z_3 为非 3 的整数倍数的条件则是为了使三对外齿轮和三对内齿轮能分别实现错位叠加，使流量脉动最小；而 $z_1 = 3k - 1$ 时，z_3 必须满足的条件 $z_3 = z_1 + 2z_2$，$z_3 = 3n + 1$；$z_1 = 3k + 1$ 时，z_3 必须满足的条件 $z_3 = z_1 + 2z_2$，$z_3 = 3n - 1$，则是安装条件要求。

因此，可作如下定义：

第一类三型行星齿轮流量计：满足 $z_1 = 3k - 1$，$z_3 = z_1 + 2z_2$，$z_3 = 3n + 1$，z_2 为奇数或 $z_1 = 3k + 1$，$z_3 = z_1 + 2z_2$，$z_3 = 3n - 1$，z_2 为奇数的行星齿轮流量计为第一类三型行星齿轮流量计。配合示意图如图 3-19（a）所示。

第二类三型行星齿轮流量计：满足 $z_1 = 3k - 1$，$z_3 = z_1 + 2z_2$，$z_3 = 3n + 1$，z_2 为偶数或 $z_1 = 3k + 1$，$z_3 = z_1 + 2z_2$，$z_3 = 3n - 1$，z_2 为偶数的行星齿轮流量计为第二类三型行星齿轮流量计。配合示意图如图 3-19（b）所示。

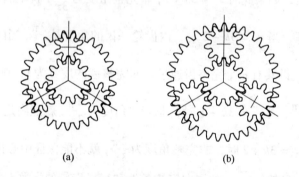

(a)   (b)

图 3-19 第一类、第二类三型行星齿轮流量计配合示意图
（a）$z_1 = 3 \times 4 + 1 = 13$，$z_2 = 2 \times 4 = 8$，$z_3 = 3 \times 10 - 1 = 29$；
（b）$z_1 = 3 \times 4 + 1 = 13$，$z_2 = 2 \times 5 + 1 = 11$，$z_3 = 3 \times 12 - 1 = 35$

3.5.2 瞬态流量分析

3.5.2.1 第一类三型行星齿轮流量计

满足第一类三型行星齿轮流量计，三对外啮合齿轮和三对内啮合齿轮分别能实现错位叠加，叠加后的三对外啮合曲线和三对内啮合曲线还能实现错位叠加。

$$Q_{3w} = A_{11} - B_{11}\varphi_2^2 \quad \left(-\frac{\pi}{3z_2} \leqslant \varphi_2 \leqslant \frac{\pi}{3z_2} \right)$$

$$Q_{3n} = A_{22} - B_{22}\left(\varphi_2 - \frac{\pi}{3z_2} \right)^2 \quad \left(0 \leqslant \varphi_2 \leqslant \frac{\pi}{3z_2} \right)$$

$$Q'_{3n} = A_{22} - B_{22}\left(\varphi_2 + \frac{\pi}{3z_2} \right)^2 \quad \left(-\frac{\pi}{3z_2} \leqslant \varphi_2 \leqslant 0 \right)$$

$$Q_{3sh1} = \begin{cases} Q_{3w} + Q'_{3n} & \left(-\frac{\pi}{3z_2} \leqslant \varphi_2 \leqslant 0 \right) \\ Q_{3w} + Q_{3n} & \left(0 \leqslant \varphi_2 \leqslant \frac{\pi}{3z_2} \right) \end{cases} \tag{3-49}$$

将式（3-49）化简并合并得

$$Q_{3sh1} = \begin{cases} A_{111} - B_{111}\left(\varphi_2 + \frac{\pi B_{22}}{3z_2(B_{11} + B_{22})} \right)^2 & \left(-\frac{\pi}{3z_2} \leqslant \varphi_2 \leqslant 0 \right) \\ A_{111} - B_{111}\left(\varphi_2 - \frac{\pi B_{22}}{3z_2(B_{11} + B_{22})} \right)^2 & \left(0 \leqslant \varphi_2 \leqslant \frac{\pi}{3z_2} \right) \end{cases} \tag{3-50}$$

其中

$$A_{111} = A_{11} + A_{22} - \frac{\pi^2 B_{22} B_{11}}{9z_2^2(B_{11} + B_{22})} \tag{3-51}$$

$$B_{111} = B_{11} + B_{22} \tag{3-52}$$

将式（3-50）进一步简化为：

$$Q_{3sh1} = A_{111} - B_{111}\left(\varphi_2 - \frac{\pi B_{22}}{3z_2(B_{11} + B_{22})} \right)^2 \quad \left(0 \leqslant \varphi_2 \leqslant \frac{\pi}{3z_2} \right) \tag{3-53}$$

3.5.2.2 第二类三型行星齿轮流量计

满足第二类三型行星齿轮流量计，三对外啮合齿轮和三对内啮合齿轮分别能实现错位叠加，叠加后的三对外啮合曲线和三对内啮合曲线还能实现错位叠加。

$$Q_{3w} = A_{11} - B_{11}\left(\varphi_2 - \frac{2\pi k}{3z_2} \right)^2$$

$$\left(0 \leqslant \varphi_2 \leqslant \frac{\pi}{3z_2}, k = 0, 1, 2, \cdots, 6z_2 - 1 \right) \tag{3-54}$$

$$Q_{3n} = A_{22} - B_{22}\left(\varphi_2 - \frac{2\pi k}{3z_2} \right)^2$$

$$\left(0 \leqslant \varphi_2 \leqslant \frac{\pi}{3z_2}, k = 0, 1, 2, \cdots, 6z_2 - 1 \right) \tag{3-55}$$

$$Q_{3sh2} = A_{222} - B_{222}\left(\varphi_2 - \frac{2\pi k}{3z_2} \right)^2$$

$$\left(0 \leqslant \varphi_2 \leqslant \frac{\pi}{3z_2}, k = 0, 1, 2, \cdots, 6z_2 - 1 \right) \tag{3-56}$$

其中

$$A_{222} = A_{11} + A_{22} \tag{3-57}$$
$$B_{222} = B_{11} + B_{22} \tag{3-58}$$

3.5.3　流量脉动分析

3.5.3.1　第一类三型行星齿轮流量计

由式（3-51）可得，当 φ_2 为 $\dfrac{\pi B_{22}}{3z_2(B_{11} + B_{22})}$ 时，瞬时流量取得最大值 $Q_{3sh1max}$，当 φ_2 为 0 时，瞬时流量取得最小值 $Q_{3sh1min}$，且 $Q_{3sh1max}$，$Q_{3sh1min}$，Q_{3sh1m} 分别为 $Q_{3sh1max} = A_{111}$，$Q_{3sh1min} = A_{111} - B_{111}\{\pi B_{22}/[3z_2(B_{11} + B_{22})]\}^2$，$Q_{3sh1m} = (Q_{3sh1max} + Q_{3sh1min})/2$，则

$$\delta_{3sh1} = \frac{Q_{3sh1max} - Q_{3sh1min}}{Q_{3sh1m}} \tag{3-59}$$

3.5.3.2　第二类三型行星齿轮流量计

将式（3-50）对 φ_2 求导并令 $\mathrm{d}Q_{3sh} = 0$ 得

$$\mathrm{d}\left(\varphi_2 - \frac{2\pi k}{3z_2}\right)^2 = 0$$

$$\varphi_2 = \frac{2\pi k}{3z_2} \quad (k = -1,0,1)$$

即在 $\varphi_2 = 0$ 处，取得极大值 Q_{3shmax}，$\varphi_2 = -\dfrac{\pi}{z_2}$ 处，分别取得极小值 Q_{3shmin}，且 Q_{3shmax}，Q_{3nmin}，Q_{3shm} 分别为 $Q_{3shmax} = A_{222}$，$Q_{3shmin} = A_{222} - 4\pi^2 B_{222}/(9z_2^2)$，$Q_{3shm} = A_{222} - 2B_{222}\pi^2/(9z_2^2)$。

将 Q_{3shmax}，Q_{3shmin}，Q_{3shm} 代入流量脉动公式，化简得

$$\delta_{3sh2} = \frac{Q_{3shmax} - Q_{3shmin}}{Q_{3shm}} = \frac{2\pi^2 B_{222}}{18z_2^2 A_{222} - B_{222}\pi^2} \tag{3-60}$$

式中，A_{222}，B_{222} 由式（3-55）和式（3-56）确定。

当 $z_1 = 19$，$z_2 = 14$，$z_3 = 47$ 时，三型行星齿轮流量计的流量脉动为 $\delta_{3sh2} = 1.11\%$。显然，和普通外啮合齿轮流量计相比，三型行星齿轮流量计的流量脉动大约只有普通外啮合齿轮流量计流量脉动的 1/9，流量特性得到明显的改善。

3.5.4　流量特性仿真

3.5.4.1　第一类三型行星齿轮流量计

图 3-20 所示为第一类三型行星齿轮流量计流量仿真曲线。

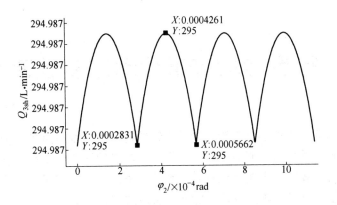

图 3-20 第一类三型行星齿轮流量计流量仿真曲线

3.5.4.2 第二类三型行星齿轮流量计

图 3-21 所示为第二类三型行星齿轮流量计流量仿真曲线。

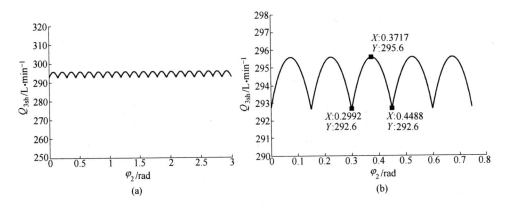

图 3-21 第二类二型行星齿轮流量计流量仿真曲线

（a）仿真图；（b）局部放大图

仿真结果为 Q_{3shmax} = 295.5932，Q_{3shmin} = 292.6365，Q_{3shm} = 294.1148，则 δ_{3sh2} = 0.0101 = 1.01%，和理论计算结果一致。

4 行星齿轮流量计动态特性研究

本章研究了普通外啮合齿轮流量计齿轮的转动动能及通过齿轮流量计液体动能对于被测液压系统液压能的影响，分析了行星齿轮流量计由齿轮转动惯量引起的动能变化以及液体液压能变化对测试系统的影响，指出相对于被测试液压系统的压力能变化，行星齿轮流量计动能变化可以忽略，同时建立了行星齿轮流量计的扭矩平衡方程和进、回油腔流量连续方程，分析了其动态特性，指出该类流量计的固有频率达800Hz以上，完全可以用于伺服阀的动态流量测量。

4.1 齿轮动能及其影响

4.1.1 外啮合齿轮流量计

4.1.1.1 由齿轮转动惯量引起的动能

一对相互啮合的齿轮，其动能为：

$$E_{\text{Jw}} = \frac{1}{2}J_1\omega_1^2 + \frac{1}{2}J_2\omega_2^2 = \frac{1}{2}\Big(J_1 + \frac{z_1^2}{z_2^2}J_2\Big)\omega_1^2 = \frac{1}{2}J_{\text{we}}\omega_1^2 \qquad (4\text{-}1)$$

式中，z_1，z_2 分别为该对齿轮的齿数；ω_1，ω_2 分别为该对啮合齿轮的角速度。则齿轮1，2的当量转动惯量 J_{we} 为：

$$J_{\text{we}} = J_1 + \frac{z_1^2}{z_2^2}J_2 \qquad (4\text{-}2)$$

4.1.1.2 动能的变化量

普通外啮合齿轮流量计的排量为 $q_{\text{w}} = 2\pi m^2 Bz_1$，通过的流量为 $Q_{\text{w}} = n_1 q_{\text{w}}$，则 $\text{d}Q_{\text{w}} = q_{\text{w}}\text{d}n_1$，又因为 $\omega_1 = \frac{\pi}{30}n_1$，所以 $\text{d}\omega_1 = \frac{\pi}{30}\text{d}n_1 = \frac{\pi}{30q_{\text{w}}}\text{d}Q_{\text{w}}$。

假设流量计入口处的起始流量为 Q_{w}，经过 Δt 时间后流量变为 $Q_{\text{w}} + \text{d}Q_{\text{w}}$，则三型行星齿轮流量计由齿轮转动惯量引起的动能在 Q_{w} 变化前为 $E_{\text{Jw}} = \frac{1}{2}J_{\text{ew}}\omega_1^2$，在 Q_{w} 变化后为 $E'_{\text{Jw}} = \frac{1}{2}J_{\text{ew}}(\omega_1 + \text{d}\omega_1)^2 = \frac{1}{2}J_{\text{ew}}\omega_1^2 + J_{\text{ew}}\omega_1\text{d}\omega + \frac{1}{2}J_{\text{ew}}\text{d}\omega_1^2$，则在 Δt 时间内动能的变化量为：

$$\Delta E_{\text{Jw}} = E'_{\text{Jw}} - E_{\text{Jw}} = J_{\text{ew}}\omega_1\text{d}\omega_1 + \frac{1}{2}J_{\text{ew}}\text{d}\omega_1^2 = J_{\text{ew}}\text{d}\omega_1\Big(\omega_1 + \frac{1}{2}\text{d}\omega_1\Big) \qquad (4\text{-}3)$$

4.1.1.3 动能变化的影响

假设流量计入口处的起始流量为 Q_w，压力为 p，经过 Δt 时间后流量变为 $Q_w + dQ_w$，压力不变，仍为 p，则普通外啮合齿轮流量计在 Q_w 变化前的液压能为 $E_h = pQ_w\Delta t$，在流量变化后为 $E'_h = p(Q_w + dQ_w)\Delta t$，液压能在 Δt 时间内的变化为 $\Delta E_h = pdQ_w\Delta t$，则

$$\frac{\Delta E_{Jw}}{\Delta E_h} = \frac{\pi J_{ew}(2Q_w + dQ_w)}{60pq_w^2\Delta t} \approx \frac{\pi J_{ew}Q_w}{30pq_w^2\Delta t} \tag{4-4}$$

其中

$$Q_w = Q/6$$

$$q_w = 2\pi m^2 Bz_1$$

将已知数据带入，得 $\dfrac{\Delta E_{Jw}}{\Delta E_h} = \dfrac{1.824 \times 10^{-7}}{\Delta t}$，对于变化频率为 1000Hz 的被测系统，$\Delta t = 0.001\text{s}$，$\dfrac{\Delta E_{Jw}}{\Delta E_h} = 1.824 \times 10^{-4}$。

由此可以得到结论：相对于液压能的变化，普通外啮合齿轮流量计动能变化的影响可以忽略。

4.1.2 内啮合齿轮流量计

4.1.2.1 由齿轮转动惯量引起的动能

齿轮 2，3 的动能为：

$$E_n = \frac{1}{2}J_2\omega_2^2 + \frac{1}{2}J_3\omega_3^2 = \frac{1}{2}\left(J_3 + \frac{z_3^2}{z_2^2}J_2\right)\omega_3^2 = \frac{1}{2}J_{ne}\omega_3^2 \tag{4-5}$$

$$J_{ne} = J_3 + \frac{z_3^2}{z_2^2}J_2 \tag{4-6}$$

式中，E_n 为内齿轮流量计的动能；J_3，ω_3 分别为内齿轮的转动惯量和角速度；J_2，ω_2 分别为小齿轮的转动惯量和角速度；J_{ne} 为内齿轮流量计的当量转动惯量。

4.1.2.2 动能的变化量

普通内啮合齿轮流量计的排量为 $q_n = 2\pi m^2 Bz_3$，通过的流量为 $Q_n = n_3q_n$，则 $dQ_n = q_n dn_3$，又因为 $\omega_3 = \dfrac{\pi}{30}n_3$，所以，$d\omega_3 = \dfrac{\pi}{30}dn_3 = \dfrac{\pi}{30q_n}dQ_n$。

假设流量计入口处的起始流量为 Q，经过 Δt 时间后流量变为 $Q + dQ$，则三型行星齿轮流量计由齿轮转动惯量引起的动能在 Q 变化前为 $E_{Jn} = \dfrac{1}{2}J_{en}\omega_3^2$，在 Q 变化后为 $E'_{Jn} = \dfrac{1}{2}J_{en}(\omega_3 + d\omega_3)^2 = \dfrac{1}{2}J_{en}\omega_3^2 + J_{en}\omega_3 d\omega_3 + \dfrac{1}{2}J_{en}d\omega_3^2$，则在 Δt 时间

内动能的变化量为：

$$\Delta E_{Jn} = E'_{Jn} - E_{Jn} = J_{en}\omega_3 d\omega_3 + \frac{1}{2}J_{en}d\omega_3^2 = J_{en}d\omega_3\left(\omega_3 + \frac{1}{2}d\omega_3\right) \quad (4\text{-}7)$$

4.1.2.3　动能变化的影响

假设流量计入口处的起始流量为 Q_n，压力为 p，经过 Δt 时间后流量变为 $Q_n + dQ_n$，压力不变，仍为 p，则普通内啮合齿轮流量计在 Q_n 变化前的液压能为 $E_h = pQ_n\Delta t$，在流量变化后为 $E'_h = p(Q_n + dQ_n)\Delta t$，液压能在 Δt 时间内的变化为 $\Delta E_h = pdQ_n\Delta t$，则

$$\frac{\Delta E_{Jn}}{\Delta E_h} = \frac{\pi J_{en}(2Q_n + dQ_n)}{60pq_n^2\Delta t} \approx \frac{\pi J_{en}Q_n}{30pq_n^2\Delta t} \quad (4\text{-}8)$$

将已知数据带入，得 $\dfrac{\Delta E_{Jn}}{\Delta E_h} = \dfrac{1.3 \times 10^{-6}}{\Delta t}$，对于变化频率为 $1000\,\mathrm{Hz}$ 的被测系统，$\Delta t = 0.001\,\mathrm{s}$，$\dfrac{\Delta E_{Jn}}{\Delta E_h} = 1.3 \times 10^{-3}$。

显然，相对于液压能的变化，普通内啮合齿轮流量计动能变化的影响也可以忽略。

4.1.3　三型行星齿轮流量计

4.1.3.1　由齿轮转动惯量引起的动能

如图 2-3 所示，五个齿轮的动能为：

$$E_J = \frac{1}{2}J_3\omega_3^2 + \frac{3}{2}J_2\omega_2^2 + \frac{1}{2}J_1\omega_1^2$$

$$= \frac{1}{2}J_3\frac{z_1}{z_3}\omega_1^2 + \frac{1}{2}J_2\frac{z_1}{z_2}\omega_1^2 + \frac{1}{2}J_1\omega_1^2$$

$$= \frac{1}{2}\omega_1^2\left(J_3\frac{z_1^2}{z_3^2} + 3J_2\frac{z_1^2}{z_2^2} + J_1\right)$$

$$= \frac{1}{2}J_e\omega_1^2 \quad (4\text{-}9)$$

$$J_e = J_1 + 3J_2\frac{z_1^2}{z_2^2} + J_3\frac{z_1^2}{z_3^2} \quad (4\text{-}10)$$

式中，E_J 为三型行星齿轮流量计的动能，J；J_1，J_2，J_3 分别为中心齿轮、行星齿轮、内齿轮的转动惯量，$\mathrm{kg \cdot m^2}$；ω_1，ω_2，ω_3 分别为中心齿轮、行星齿轮、内齿轮的角速度，$\mathrm{rad/s}$；J_e 为将内齿轮、行星齿轮、中心齿轮的转动惯量折算到中心齿轮上后的当量转动惯量，$\mathrm{kg \cdot m^2}$。

4.1.3.2 动能的变化量

三型行星齿轮流量计的排量为 $q = 12\pi m^2 B z_1$，通过的流量为 $Q = nq$，则 $dQ = qdn$，又由于 $\omega = \dfrac{\pi}{30}n$，所以，$d\omega = \dfrac{\pi}{30}dn = \dfrac{\pi}{30q}dQ$。

假设流量计入口处的起始流量为 Q，经过 Δt 时间后流量变为 $Q + dQ$，则三型行星齿轮流量计由齿轮转动惯量引起的动能在 Q 变化前为 $E_J = \dfrac{1}{2}J_e\omega^2$，在 Q 变化后为 $E'_J = \dfrac{1}{2}J_e(\omega + d\omega)^2 = \dfrac{1}{2}J_e\omega^2 + J_e\omega d\omega + \dfrac{1}{2}J_e d\omega^2$，则在 Δt 时间内动能的变化量为：

$$\Delta E_J = E'_J - E_J = J_e\omega d\omega + \frac{1}{2}J_e d\omega^2 = J_e d\omega\left(\omega + \frac{1}{2}d\omega\right) \tag{4-11}$$

4.1.3.3 动能变化的影响

假设流量计入口处的起始流量为 Q，压力为 p，经过 Δt 时间后流量变为 $Q + dQ$，压力不变，仍为 p，则三型行星齿轮流量计在 Q 变化前的液压能为 $E_h = pQ\Delta t$，在 Q 变化后为 $E'_h = p(Q + dQ)\Delta t$，液压能在 Δt 时间内的变化为 $\Delta E_h = pdQ\Delta t$，则

$$\frac{\Delta E_J}{\Delta E_h} = \frac{J_e d\omega\left(\omega + \dfrac{1}{2}d\omega\right)}{pdQ\Delta t} \tag{4-12}$$

化简得

$$\frac{\Delta E_J}{\Delta E_h} = \frac{\pi J_e Q}{30pq^2\Delta t} \tag{4-13}$$

$$q = 12\pi m^2 B z_1$$

式中，J_e 由式（4-10）确定。

将已知数据带入式（4-13），得 $\dfrac{\Delta E_J}{\Delta E_h} = \dfrac{2.6552 \times 10^{-7}}{\Delta t}$，对于变化频率为 1000Hz 的被测系统，$\Delta t = 0.001\text{s}$，$\dfrac{\Delta E_J}{\Delta E_h} = 2.6552 \times 10^{-3}$。

显然，相对于液压能的变化，三型行星齿轮流量计动能变化的影响也可以忽略。对于变化频率为 1000Hz 的被测系统，相对于液压能的变化，齿轮流量计动能变化的影响完全可以忽略不计。

4.2 流体动能及其影响

4.2.1 外啮合齿轮流量计

4.2.1.1 流体动能及其变化量

因为 $Q_w = hBv$，所以 $v = \dfrac{Q_w}{hB} = \dfrac{Q_w}{2mB}$，则 $dv = \dfrac{dQ_w}{2mB}$，流体的质量为 $m' = \rho Q_w\Delta t$，

则 $\mathrm{d}m' = \rho\Delta t\mathrm{d}Q_{\mathrm{w}}$。

假设流量计入口处的起始流量为 Q_{w}，经过 Δt 时间后流量变为 $Q_{\mathrm{w}} + \mathrm{d}Q_{\mathrm{w}}$，则流经普通齿轮流量计流体动能在 Q_{w} 变化前为：

$$E_1 = \frac{1}{2}m'v^2 = \frac{1}{2}\rho Q_{\mathrm{w}}\Delta t v^2 = \frac{1}{2}\rho Q_{\mathrm{w}}\Delta t\left(\frac{Q_{\mathrm{w}}}{2mB}\right)^2 = \frac{\rho Q_{\mathrm{w}}^3\Delta t}{8m^2B^2}$$

流量计流体动能在 Q_{w} 变化后为：

$$E_1' = \frac{1}{2}(m' + \mathrm{d}m')(v + \mathrm{d}v)^2$$

$$= \frac{1}{2}m'v^2 + \frac{1}{2}\mathrm{d}m'v^2 + m'v\mathrm{d}v + \mathrm{d}m'v\mathrm{d}v + \frac{1}{2}m'\mathrm{d}v^2 + \frac{1}{2}\mathrm{d}m'\mathrm{d}v^2$$

则由流体流量在 Δt 时间变化引起的流体动能变化为：

$$\Delta E_1 = E_1' - E_1 = \frac{1}{2}\mathrm{d}m'v^2 + m'v\mathrm{d}v + \mathrm{d}m'v\mathrm{d}v + \frac{1}{2}m'\mathrm{d}v^2 + \frac{1}{2}\mathrm{d}m'\mathrm{d}v$$

将 m，$\mathrm{d}m$，v，$\mathrm{d}v$ 代入上式得：

$$\Delta E_{1\mathrm{w}} = \frac{\rho\Delta t\mathrm{d}Q_{\mathrm{w}}}{8m^2B^2}(3Q_{\mathrm{w}}^2 + 3Q_{\mathrm{w}}\mathrm{d}Q_{\mathrm{w}} + \mathrm{d}Q_{\mathrm{w}}^2) \approx \frac{3\rho\Delta tQ_{\mathrm{w}}^2\mathrm{d}Q_{\mathrm{w}}}{8m^2B^2} \tag{4-14}$$

4.2.1.2　流体动能变化的影响

因为液压能的变化量为 $\Delta E_{\mathrm{h}} = p\mathrm{d}Q\Delta t$，所以 $\dfrac{\Delta E_1}{\Delta E_{\mathrm{h}}}$ 为 $\dfrac{\Delta E_{1\mathrm{w}}}{\Delta E_{\mathrm{h}}} = \dfrac{3\rho Q_{\mathrm{w}}^2}{8m^2B^2p}$，将 $Q_{\mathrm{w}} = \dfrac{Q}{6}$ 代入得

$$\frac{\Delta E_1}{\Delta E_{\mathrm{h}}} = \frac{3\rho Q^2}{48m^2B^2p} \tag{4-15}$$

将已知数值代入，得 $\dfrac{\Delta E_1}{\Delta E_{\mathrm{h}}} = 6.0282 \times 10^{-4}$，显然可以得到结论：对于普通外啮合齿轮流量计，流体动能的影响与被测流体流量的变化频率无关，且相对于流体液压能的变化，其影响可以忽略。

4.2.2　内啮合齿轮流量计

4.2.2.1　流体动能及其变化量

因为 $Q_{\mathrm{n}} = hBv$，所以 $v = \dfrac{Q_{\mathrm{n}}}{hB} = \dfrac{Q_{\mathrm{n}}}{2mB}$，则 $\mathrm{d}v = \dfrac{\mathrm{d}Q_{\mathrm{n}}}{2mB}$，流体的质量为 $m' = \rho Q_{\mathrm{n}}\Delta t$，则 $\mathrm{d}m' = \rho\Delta t\mathrm{d}Q_{\mathrm{n}}$。

假设流量计入口处的起始流量为 Q_{n}，经过 Δt 时间后流量变为 $Q_{\mathrm{n}} + \mathrm{d}Q_{\mathrm{n}}$，则流经普通齿轮流量计流体动能在 Q_{n} 变化前为：

$$E_{\text{ln}} = \frac{1}{2}m'v^2 = \frac{1}{2}\rho Q_{\text{n}}\Delta t v^2 = \frac{1}{2}\rho Q_{\text{n}}\Delta t\left(\frac{Q_{\text{n}}}{2mB}\right)^2 = \frac{\rho Q_{\text{n}}^3\Delta t}{8m^2B^2}$$

流量计流体动能在 Q_{n} 变化后为：

$$E'_{\text{ln}} = \frac{1}{2}(m' + \text{d}m')(v + \text{d}v)^2$$

$$= \frac{1}{2}m'v^2 + \frac{1}{2}\text{d}m'v^2 + m'v\text{d}v + \text{d}m'v\text{d}v + \frac{1}{2}m'\text{d}v^2 + \frac{1}{2}\text{d}m'\text{d}v^2$$

则由流体流量在 Δt 时间变化引起的流体动能变化为：

$$\Delta E_{\text{ln}} = E'_{\text{ln}} - E_{\text{ln}} = \frac{1}{2}\text{d}m'v^2 + m'v\text{d}v + \text{d}m'v\text{d}v + \frac{1}{2}m'\text{d}v^2 + \frac{1}{2}\text{d}m'\text{d}v^2$$

将 m，$\text{d}m$，v，$\text{d}v$ 代入上式得

$$\Delta E_{\text{ln}} = \frac{\rho\Delta t\text{d}Q_{\text{n}}}{8m^2B^2}(3Q_{\text{n}}^2 + 3Q_{\text{n}}\text{d}Q_{\text{n}} + \text{d}Q_{\text{n}}^2) \approx \frac{3\rho\Delta tQ_{\text{n}}^2\text{d}Q_{\text{n}}}{8m^2B^2} \tag{4-16}$$

4.2.2.2　流体动能变化的影响

因为液压能的变化量为 $\Delta E_{\text{h}} = p\text{d}Q\Delta t$，所以 $\dfrac{\Delta E_{\text{l}}}{\Delta E_{\text{h}}}$ 为 $\dfrac{\Delta E_{\text{ln}}}{\Delta E_{\text{h}}} = \dfrac{3\rho Q_{\text{n}}^2}{8m^2B^2p}$，将 $Q_{\text{n}} = \dfrac{Q}{6}$ 代入得

$$\frac{\Delta E_{\text{ln}}}{\Delta E_{\text{h}}} = \frac{3\rho Q^2}{48m^2B^2p} \tag{4-17}$$

将已知数值代入，得 $\dfrac{\Delta E_{\text{ln}}}{\Delta E_{\text{h}}} = 6.0282 \times 10^{-4}$，显然，对于普通内啮合齿轮流量计，流体动能的影响与被测流体流量的变化频率无关，且相对于流体液压能的变化，其影响可以忽略。

4.2.3　三型行星齿轮流量计

4.2.3.1　流体动能及其变化量

因为 $Q = 6hBv$，所以 $v = \dfrac{Q}{6hB} = \dfrac{Q}{12mB}$，则 $\text{d}v = \dfrac{\text{d}Q}{12mB}$，流体的质量为 $m' = \rho Q\Delta t$，则 $\text{d}m' = \rho\Delta t\text{d}Q$。

假设流量计入口处的起始流量为 Q，经过 Δt 时间后流量变为 $Q + \text{d}Q$，则流经三型行星齿轮流量计流体动能在 Q 变化前为：

$$E_{\text{l}} = \frac{1}{2}m'v^2 = \frac{1}{2}\rho Q\Delta t v^2 = \frac{1}{2}\rho Q\Delta t\left(\frac{Q}{12mB}\right)^2 = \frac{\rho Q^3\Delta t}{288m^2B^2}$$

流量计流体动能在 Q 变化后为：

$$E'_1 = \frac{1}{2}(m' + \mathrm{d}m')(v + \mathrm{d}v)^2$$

$$= \frac{1}{2}m'v^2 + \frac{1}{2}\mathrm{d}m'v^2 + m'v\mathrm{d}v + \mathrm{d}m'v\mathrm{d}v + \frac{1}{2}m'\mathrm{d}v^2 + \frac{1}{2}\mathrm{d}m'\mathrm{d}v^2$$

则由流体流量在 Δt 时间变化引起的流体动能变化为 $\Delta E_1 = E'_1 - E_1$，将 m，$\mathrm{d}m$，v，$\mathrm{d}v$ 代入得

$$\Delta E_1 = \frac{1}{2}\mathrm{d}m'v^2 + m'v\mathrm{d}v + \mathrm{d}m'v\mathrm{d}v + \frac{1}{2}m'\mathrm{d}v^2 + \frac{1}{2}\mathrm{d}m'\mathrm{d}v^2 = \frac{\rho\Delta t Q^2 \mathrm{d}Q}{96m^2 B^2}$$

即由流体流量在 Δt 时间变化引起的流体动能变化 ΔE_1 为：

$$\Delta E_1 = \frac{\rho\Delta t Q^2 \mathrm{d}Q}{96m^2 B^2} \tag{4-18}$$

4.2.3.2　流体动能变化的影响

因为液压能的变化量为 $\Delta E_h = p\mathrm{d}Q\Delta t$，所以，将 ΔE_1，ΔE_h 代入化简得

$$\frac{\Delta E_1}{\Delta E_h} = \frac{\rho Q^2}{96m^2 B^2 p} \tag{4-19}$$

将已知数值代入，得 $\frac{\Delta E_1}{\Delta E_h} = 1.0047 \times 10^{-4}$，显然可以得到结论：流体动能的影响与被测流体的频率无关，且相对于流体液压能的变化，其影响可以忽略。

显然，对于齿轮流量计，由被测流体的流量发生变化引起流体动能的变化与被测流体流量的变化频率无关，且相对于流体液压能的变化，其影响可以忽略不计。

4.3　行星齿轮流量计动态特性分析

4.3.1　传递函数的推导

行星齿轮流量计的动态特性分析，同液压马达的动态特性分析相类似。流量计的动态特性是指其速度因负载或负载流量瞬态变化而变化的关系，这种变化关系是用扭矩平衡方程和流量连续方程描述的。如图 4-1 所示，扭矩平衡方程为[110]：

$$p_L D_F = J_F \frac{\mathrm{d}\omega_1}{\mathrm{d}t} + B_F \omega_1 + T_L \tag{4-20}$$

式中，p_L 为流量计进出油口压力降，$p_L = p_1 - p_2$，p_1，p_2 分别为进出油口压力，Pa；D_F 为流量计排量梯度，$D_F = q_F/(2\pi)$；q_F 为流量计几何排量，L；J_F 为流量计的转动惯量，$\mathrm{kg} \cdot \mathrm{m}^2$；$B_F$ 为黏性阻尼系数；T_L 为负载扭矩，$\mathrm{N} \cdot \mathrm{m}$。

行星齿轮流量计输出扭矩为零或者说不输出扭矩，即式（4-20）中 $T_L = 0$，

因而行星齿轮流量计的扭矩平衡方程为：

$$p_L D_F = J_F \frac{d\omega_1}{dt} + B_F \omega_1 \qquad (4\text{-}21)$$

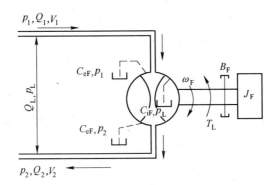

图4-1　齿轮流量计模型

假设行星齿轮流量计的进油腔和出油腔是对称的，并且设流量计的连接管道是对称的，行星齿轮流量计的每个腔中各处的压力始终是相同的，由于行星齿轮流量计的进油腔与回油腔压力比较高且相差不多，所以不会出现空穴现象，液体在腔内的速度是很小的，因此次要损失（即液压流经弯头、管接头以及突然变化的截面所引起的能量损失）可以忽略，没有管道现象，温度和密度均为常数。则流量计的进、回油腔流量连续方程为：

$$Q_1 - C_{iF}(p_1 - p_2) - C_{eF}p_1 - \frac{V_1}{\beta_e}\frac{dp_1}{dt} = \frac{dV_1}{dt} \qquad (4\text{-}22)$$

$$-Q_2 + C_{iF}(p_1 - p_2) - C_{eF}p_2 - \frac{V_2}{\beta_e}\frac{dp_2}{dt} = \frac{dV_2}{dt} \qquad (4\text{-}23)$$

式中，Q_1 为行星齿轮流量计的入口流量，L/min；Q_2 为行星齿轮流量计的出口流量，L/min；p_1 为行星齿轮流量计的入口压力，MPa；p_2 为行星齿轮流量计的出口压力，MPa；C_{iF} 为内泄漏系数；C_{eF} 为外泄漏系数；V_1 为进油腔容积（含管路），L；V_2 为回油腔容积（含管路），L；β_e 为体积弹性模数，MPa。

进、回油腔容积 V_1 和 V_2 可表示为：

$$V_1 = V_0 + V(\theta_1) \qquad (4\text{-}24)$$

$$V_2 = V_0 - V(\theta_1) \qquad (4\text{-}25)$$

式中，V_0 为行星齿轮流量计在零位时，每腔平均容积，L；$V(\theta_1)$ 为工作容积变化量，L。

由行星齿轮流量计工作原理可知，行星齿轮流量计的排量梯度 D_F 为：

$$D_F = \frac{dV(\theta_1)}{d\theta_1} \tag{4-26}$$

因此有：

$$\frac{dV_1}{dt} = \frac{dV_1}{d\theta_1}\frac{d\theta_1}{dt} = D_F\frac{d\theta_1}{dt} = -\frac{dV_2}{dt} \tag{4-27}$$

式（4-22）减去式（4-23）并代入式（4-26），引入 $Q_L = (Q_1 + Q_2)/2$，同时考虑到 $V_0 \gg V(\theta_1)$，则有

$$Q_L = D_F\frac{d\theta_1}{dt} + C_F p_L + \frac{V_t}{4\beta_e}\frac{dp_L}{dt} \tag{4-28}$$

式中，V_t 为行星齿轮流量计的容腔总容积，L；C_F 为行星齿轮流量计的总泄漏系数，$C_F = C_{iF} + 0.5C_{eF}$。

$$p_L D_F = J_F\frac{d\omega_1}{dt} + B_F\omega_1 + T_L \tag{4-29}$$

对式（4-28）和式（4-29）两式做 Laplace 变换：

$$\begin{cases} p_L(s)D_F = (J_F s + B_F)\omega(s) \\ Q_L(s) = D_F\omega(s) + (C_F + V_t s/4\beta_e)p_L(s) \end{cases} \tag{4-30}$$

在式（4-30）中取 $Q_L(s)$ 为输入，$\omega(s)$ 为输出，可绘制行星齿轮流量计方块图，如图4-2所示。

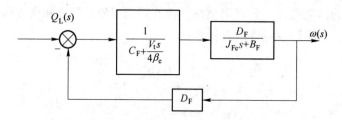

图4-2　行星齿轮流量计方块图

由式（4-30）或图4-2可求行星齿轮流量计输出 $\omega(s)$ 为：

$$\omega(s) = \frac{Q_L(s)D_F}{\frac{V_t J_{Fe}}{4\beta_e}s^2 + \left(J_{Fe}C_F + \frac{V_t B_F}{4\beta_e}\right)s + (D_F^2 + B_F C_F)} \tag{4-31}$$

以 $Q_L(s)$ 为输入，角速度 $\omega(s)$ 为输出的行星齿轮流量计的传递函数 $G(s)$ 为：

$$G(s) = \frac{\omega(s)}{Q(s)} = \frac{\dfrac{D_F}{D_F^2 + B_F C_F}}{\dfrac{s^2}{\omega_n^2} + 2\delta_n\dfrac{s}{\omega_n} + 1} \tag{4-32}$$

$$\omega_n = \sqrt{(D_F^2 + B_F C_F) 4\beta_e / (V_t J_{Fe})}$$

$$\delta_n = \frac{\omega_n}{2(D_F^2 + B_F C_F)}\left(\frac{V_t B_F}{4\beta_e} + J_{Fe} C_F\right)$$

式中，ω_n 为行星齿轮流量计固有频率；δ_n 为行星齿轮流量计阻尼比。

4.3.2　动态特性分析

4.3.2.1　关于 ω_n，δ_n 和稳态值 ω_0，Q_{L0} 的问题

行星齿轮流量计的固有频率 ω_n 是重要参数，为便于简化计算，通常假设行星齿轮流量计的泄漏很小，因而有 $C_F B_F / D_F^2 \ll 1$，即可略去不计，则 ω_n 可近似为：

$$\omega_n = \sqrt{\frac{4D_F^2 \beta_e}{V_t J_{Fe}}} \tag{4-33}$$

式（4-33）是计算行星齿轮流量计固有频率的公式。ω_n 与行星齿轮流量计的响应速度相关，固有频率高响应速度快。增大 D_F 和 β_e，减小 V_t 和 J_{Fe} 可提高固有频率。采用空转齿轮，可减小 J_{Fe}，适当增大 D_F 是有益的。过大则是不经济的。当行星齿轮流量计测量低压时，增大 β_e 的有效方法是防止空气混入液体中；当测量高压时，由于流量计的油腔内液压油压力很高，所以不会有气体混入。减少 V_t 的有效方法是尽可能使用短管。

在 $C_F B_F \ll D_F^2$ 条件下，δ_n 可表示为：

$$\delta_n = \frac{B_F}{4D_F}\sqrt{\frac{V_t}{\beta_e J_{Fe}}} + \frac{C_F}{D_F}\sqrt{\frac{\beta_e J_{Fe}}{V_t}} \tag{4-34}$$

描述行星齿轮流量计运动参数与时间 t 无关时，则这些参数为行星齿轮流量计的稳（静）态值。在式（4-21）和式（4-28）中，令 $d\omega/dt = 0$，$dp_L/dt = 0$，可求流量计的 Q_L，ω，p_L 的稳态值 Q_{L0}，ω_0，p_{L0}，有如下关系：

$$\begin{cases} p_{L0} = \dfrac{1}{D_F} B_F \omega_0 \\ Q_{L0} = D_F \omega_0 + C_F p_{L0} \end{cases} \tag{4-35}$$

若不计 C_F 和 B_F，则有：

$$p_{L0} = 0, \quad \omega_0 = Q_{L0}/D_F \tag{4-36}$$

从式（4-36）中可以看出，行星齿轮流量计进、出油口压力差为零，原因是不接负载，不输出转矩。

4.3.2.2　频率响应

利用式（4-35），可将式（4-32）改写成流量计无量纲传递函数形式：

$$\overline{G}(s) = \frac{\omega(s)}{\omega_0}\bigg/\left[\frac{Q(s)}{Q_{L0}}\right] = \frac{1}{(s/\omega_n)^2 + 2\delta_n(s/\omega_n) + 1} \tag{4-37}$$

考虑到流量计的各个齿轮使用材料及是否采用空转齿轮等不同情况，得到的系统转动惯量也不同，不同条件下的当量转动惯量及系统固有频率间的关系见表 4-1，当 $\beta_e = 2000\text{MPa}$，$V_C = 0.5 \times 10^{-3}\text{m}^3$，$B_F = 1.5\text{N} \cdot \text{s/m}$，$\Delta p = 0.1\text{MPa}$，$C_F = 3.19 \times 10^{-11}$ 时，根据式（4-32）绘制 Bode 图，为了使 Bode 图清晰，选取序号 1，4，6 和 8 的当量转动惯量来绘制 Bode 图，如图 4-3 所示。

表 4-1   不同条件下的当量转动惯量及系统固有频率间的关系

序号	条　件	当量转动惯量 /kg·m^{-2}	ω_n /rad·s^{-1}	频率 /Hz
1	z_1，z_2 和 z_3 均为 40Cr	0.0032	2236	355.8
2	z_1，z_2 和 z_3 均为 40Cr，z_1，z_2 均为空转齿轮	0.0030	2311	367.8
3	z_1，z_2 为 40Cr，z_3 为尼龙，z_1，z_2 均为空转齿轮	0.0026	2453	390.4
4	z_1，z_2 为 40Cr，z_3 为尼龙	0.0011	3857	613.8
5	z_1，z_2 为 40Cr，且为空转齿轮，z_3 为尼龙	0.000866	4288	682.4
6	z_1 为 40Cr，z_2，z_3 为尼龙，且 z_1，z_2 为空转齿轮	0.000658	4920	783.0
7	z_1，z_2 和 z_3 均为尼龙	0.000569	5290	842.0
8	z_1，z_2 和 z_3 均为尼龙，且 z_2 为空转齿轮	0.000546	5401	859.6

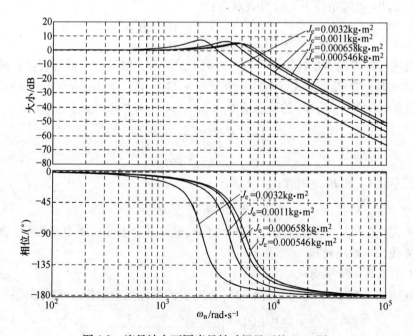

图 4-3   流量计在不同当量转动惯量下的 Bode 图

z_1，z_2 和 z_3 均为尼龙，z_2 为空转齿轮，该流量计的当量转动惯量为 $J_f = 0.000546\text{kg} \cdot \text{m}^2$，其他参数为 $\beta_e = 2000\text{MPa}$，$V_f = 0.5 \times 10^{-3}\text{m}^3$，$B_F = 1.5\text{N} \cdot \text{s/m}$，$\Delta p = 0.1\text{MPa}$，$C_F = 3.19 \times 10^{-11}$，当阻尼系数 B_F 分别为 1.5，3，4 和 5N·s/m 时，阻尼与阻尼比和固有频率间的关系见表4-2，根据式（4-32）绘制的 Bode 图如图4-4所示。由图4-4可以看出，系统的阻尼比随阻尼的增大而增大，固有频率随阻尼的增大也略微增大。

表4-2 阻尼与阻尼比和固有频率间的关系表

序 号	1	2	3	4
$D_F/\times 10^{-5}\text{m}^3$	3.078	3.078	3.078	3.078
$C_F/\times 10^{-11}$	3.19	3.19	3.19	3.19
$J_e/\text{kg} \cdot \text{m}^{-2}$	0.05459	0.05459	0.05459	0.05459
$B_F/\text{N} \cdot \text{s} \cdot \text{m}^{-1}$	1.5	3	4	5
$\omega_n/\text{rad} \cdot \text{s}^{-1}$	5401	5529	5613	5696
f/Hz	859.6	880	893.4	906
δ_n	0.3016	0.543	0.6982	0.8488

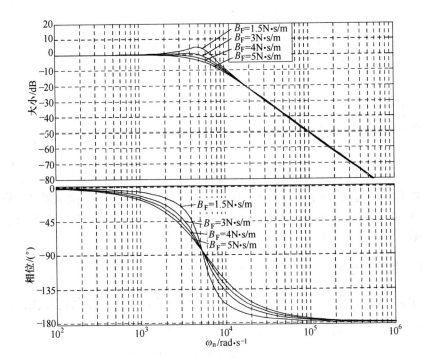

图4-4 流量计在不同阻尼下的 Bode 图

由图 4-3 和图 4-4 可以看出，当 $\omega \ll \omega_n$ 时，流量计的角速度脉动与流量脉动频率相等；当 $\omega \gg \omega_n$ 时，幅值曲线按 $-40\mathrm{dB}/(°)$ 斜率下降，角速度脉动频率小于流量脉动频率。

4.3.2.3　时域响应

时域响应是流量计的流量从零阶跃到 Q_{L0} 时，流量计的角速度从零而趋至稳态的整个过程，又称阶跃响应特性。过渡过程是指流量计的角速度从零按一定误差进入稳态范围的响应过程。

过渡过程的求解方法有两种，其一是利用 Laplace 变换求解，其二是利用初始条件求解微分方程。如果初始条件为零，两种方法求解的结论是相同的。反之，则有一个常量差，并不影响速度过程分析。

在式（4-36）中，令 Q_L 为从零到 Q_{L0} 的阶跃信号，即 $Q_L(s) = Q_{L0}/s$，将 $Q_L(s)$ 代入，并做 Laplace 反变换，则有：

$$\frac{\omega}{\omega_0} = 1 - \frac{e^{-\delta_n \omega_n t}}{\sqrt{1 - \delta_n^2}} \sin(\omega_n \sqrt{1 - \delta_n^2} t + \varphi) \qquad (4\text{-}38)$$

$$\varphi = \arctan(\sqrt{1 - \delta_n^2}/\delta_n)$$

如果用微分方程求解法确定过渡过程，可将式（4-28）代入式（4-29），整理如下：

$$\frac{d^2\omega}{dt^2} + \frac{V_t B_F + 4\beta_e J_{Fe} C_F}{V_t J_{Fe}} \frac{d\omega}{dt} + \frac{4\beta_e(D_F^2 + B_F C_F)}{V_t J_{Fe}} \omega = \frac{4\beta_e D_F Q_{L0}}{V_t J_{Fe}} \qquad (4\text{-}39)$$

根据式（4-35）可求稳态速度 ω_0 为：

$$\omega_0 = \frac{D_F Q_{L0}}{D_F^2 + B_F C_F} \qquad (4\text{-}40)$$

将 ω_n，δ_n 和 ω_0 代入式（4-40），则有：

$$\frac{d^2\omega}{dt^2} + 2\delta_n \omega_n \frac{d\omega}{dt} + \omega_n^2 \omega = \omega_n^2 \omega_0 \qquad (4\text{-}41)$$

如果不计起动时的摩擦力，并假定 $t = 0$ 时 $\omega = 0$，当阻尼系数 B_F 分别为 1.5，3，4 和 5N·s/m 时，求解结果见式（4-38），由式（4-38）给出的过渡曲线如图 4-5 所示。

4.3.3　稳定性分析

行星齿轮流量计为一线性开环系统，下面由劳斯判据判断其稳定性，其特征方程由传递函数得到：

$$\frac{s^2}{\omega_n^2} + 2\delta_n \frac{s}{\omega_n} + 1 = 0$$

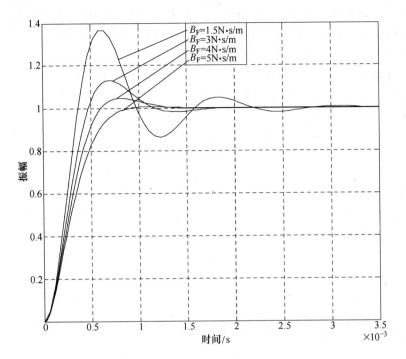

图 4-5　不同阻尼下的流量计过渡曲线

化简后可得

$$s^2 + 2\omega_n\delta_n s + \omega_n^2 = 0$$

列出劳斯阵列计算得：

$$
\begin{array}{ccc}
s^2 & 1 & \omega_n^2 \\
s^1 & 2\omega_n\delta_n & \\
s^0 & \omega_n^2 &
\end{array}
$$

由于 $\omega_n > 0$ 和 $\delta_n > 0$，所以由劳斯判据可知，行星齿轮流量计必然稳定[111]。

4.3.4　快速性分析

行星齿轮流量计是一个开环系统，由比例环节和振荡环节两个环节组成。其开环放大系数为：

$$K = \frac{D_F}{B_F C_F + D_F^2} \tag{4-42}$$

由于 $B_F C_F$ 相对于 D_F^2 来说非常小，故可以近似取 $K = 1/D_F$。由于 D_F 的大小是 10^{-5} 数量级，所以 K 值非常大。

　　系统的动态响应频宽取决于开环放大系数。我们主要关心该类流量计用于控制系统时的动态性能。在控制系统中，调节开环放大系数是方便的，但这并不等于说系统的频宽可以无限制地提高。它的限制因素就是系统的稳定性。行星齿轮流量计振荡环节的无阻尼自然频率即液压固有频率 ω_n 就为系统的频宽设置了一个上限。因此，本书把 ω_n 作为衡量该类流量计动态性能的指标。

　　由式（4-33）有：

$$\omega_n = \sqrt{\frac{4D_F^2\beta_e}{V_t J_{Fe}}} \tag{4-43}$$

　　当 $D_F = q_f/(2\pi) = 6m^2 z_1 B = 3.078 \times 10^{-5}$，$\beta_e = 2000\text{MPa}$，$V_t = 0.5\text{L}$，$J_{Fe} = 5.694 \times 10^{-4}\text{kg} \cdot \text{m}^2$ 时，$\omega_n = 5401\text{rad/s} = 859.6\text{Hz}$，可见行星齿轮流量计的液压固有频率是相当高的，完全能够胜任液压控制系统的流量检测。

5 三型行星齿轮流量计的有限元研究

本章对有限元研究进行了回顾，通过 SolidWorks 软件完成了三型行星齿轮流量计的实体建模。利用 SolidWorks 的 COSMOSMotion 插件，对三型行星齿轮流量计进行了运动分析，利用 COSMOS 插件，对三型行星齿轮流量计受到液压力作用进行了有限元分析，并研究用新材料 MC 尼龙替代合金钢用于齿轮的可能性。本章通过对行星齿轮流量计的模态研究，发现该类流量计的各阶阵型频率远远大于 1000Hz。同时对该类流量计的泄漏做了流场仿真，得到该类流量计端面间隙大小是影响流量计内部泄漏主要因素的结论。

5.1　三型行星齿轮流量计实体建模

齿轮的齿廓线属于一种高级曲线，可以结合渐开线方程，采用描点法在 SolidWorks 中生成齿轮的草图，再进行拉伸实体操作。但这种方法不但费时费力，而且描点数目的多少也直接影响了齿轮线的质量。

CAXA 电子图版作为一种优秀的国产软件，在齿轮的设计方面功能强大，可以直接生成齿轮的渐开线齿廓。但是 CAXA 电子图版中建立实体模型要比在 SolidWorks 环境下生成实体模型麻烦，鉴于此，将在 CAXA 电子图版中生成的齿轮渐开线齿廓导入 SolidWorks 中，然后进行齿轮的实体建模和三型行星齿轮流量计的主体配合。

下面以建立三型行星齿轮流量计中心齿轮为例，结合 CAXA 生成齿轮的渐开线齿廓，再导入 SolidWorks 中生成齿轮的实体模型。

5.1.1　中心齿轮渐开线齿廓的生成

打开 CAXA 电子图板，依次选择"绘制"—"高级曲线"—"齿轮"，弹出"渐开线齿轮齿形参数"框，如图 5-1 所示，输入中心齿轮的基本参数即可。

按"下一步"，输入"有效齿数"为 19，并选择"预显"，可得中心齿轮齿廓曲线，如图 5-2 所示，选择"完成"，生成中心轮齿廓。

完成了齿廓的绘制，选择"文件"—"数据接口"—"DWG/DXF 文件输出"，就可以将生成的齿廓曲线以 .dwg 格式保存下来了。

5.1.2　齿轮实体的生成

启动 SolidWorks 软件，打开刚才保存的中心轮齿廓曲线，默认选项是"生

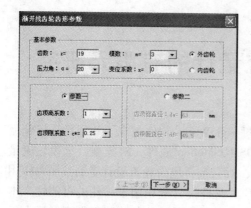 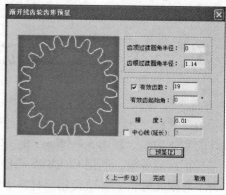

　　图 5-1　中心齿轮的基本参数（1）　　　　图 5-2　中心齿轮的基本参数（2）

成新的 SolidWorks 工程图"，改选"输入到零件"，按"下一步"，在"文件设定"选项框中，系统默认单位是"in"，将单位改为"mm"后，选择"完成"，这样就完成了 CAXA 与 SolidWorks 文件的转换，此时 CAXA 创建的中心轮齿廓曲线就成为了 SolidWorks 中的草图，再将草图拉伸 30mm，便得到了中心轮的实体，如图 5-3 所示。

图 5-3　中心轮模型

　　同样的方法可以得到径向轮和内齿轮的实体模型，齿轮宽度均为 30mm。在生成内齿轮时，齿轮的外圈齿是用于测量齿轮转速的，不一定要加工成标准齿，可以在实体加工的时候，根据工艺确定加工方法，如铣刀铣槽，如图 5-4 和图 5-5 所示。内齿轮外的齿是用于测速的。

　　图 5-4　内齿轮模型　　　　　　　　　图 5-5　行星齿轮模型

5.1.3 其他零件的实体建模和装配

建立好齿轮的实体模型后最关键的便是设计配流盘和导流块，两者决定了三型行星齿轮流量计是否能够正确配流并能达到减小流量脉动的要求，由于三型行星齿轮流量计等同于9个不同的齿轮流量计并联同时工作，在有限的容积内，必然使每一个子流量计的容积空间变小，如果设计不合理，压力油不能顺利通过流量计，便会使局部压力急剧上升，破坏流量计结构。配流盘与导流块的实体造型如图5-6和图5-7所示。

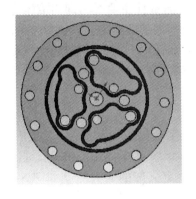

图5-6 配流盘

图5-7 导流块

已加工出的三型行星齿轮流量计，内齿圈与外齿圈之间是没有压力油的。但在实验中却发现这一区域有大量的高压油液存在，经过仔细分析总结，判断出导致这一问题的原因为端面泄漏，为此，在原有三型行星齿轮流量计的基础上，设计了浮动侧板，用于解决端面泄漏问题。浮动侧板的实体造型如图5-8所示。

最后将配流盘、导流块、中间体、上端盖、下端盖、浮动侧板、轴和轴套等零部件按照其配合关系安装在一起，完成三型行星齿轮流量计的装配体建模，其实体造型如图5-9所示。

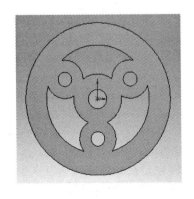

图5-8 浮动侧板

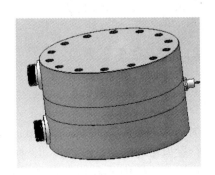

图5-9 装配体

5.2　三型行星齿轮流量计的静力分析

在三型行星齿轮流量计虚拟样机的基础上，对其进行静力分析，实现三型行星齿轮流量计结构的预评估。

三型行星齿轮流量计在实际的工作中，主要受力部分是其内部相互啮合的齿轮，即 19 齿的内齿轮、14 齿的行星齿轮和 47 齿的内齿轮。三型行星齿轮流量计不同于复合齿轮泵，它不是由电动机带动中心轮转动，依靠齿轮间的啮合力带动行星轮与内齿圈旋转，进而产生吸、排油工作的。流量计主要受力即为液压力，因此在对其进行静力分析时，需要在各齿轮的每个面加载液压力，以模拟流量计实际工作的载荷。由于计算机运算能力限制，取流量计的 1/3 进行分析。对模型做适当的简化后（如图 5-10 所示），运用 COSMOSWorks 对其进行分析。

5.2.1　研究专题的建立和材料定义

选择研究类型为"静态分析"，研究名称"三型行星齿轮流量计"，定义齿轮材料为合金钢，其材料性质为弹性模量 $E = 2.1 \times 10^{11} \text{Pa}$，泊松比为 0.28，抗剪模量 $G = 7.9 \times 10^{10} \text{Pa}$，质量密度 $D = 7700 \text{kg/m}^3$。定义好的研究专题如图 5-11 所示[112]。

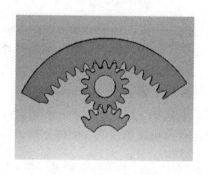

图 5-10　静力分析模型

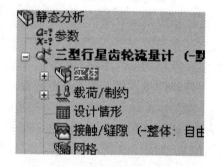

图 5-11　定义研究专题

5.2.2　载荷与约束的添加

5.2.2.1　建立约束

为简化模型分析，取模型的 1/3 进行分析，因此在剖开的内齿轮与中心齿轮的侧面添加"对称"约束，保证剖分后的齿轮分析结果不会产生差错；中心齿轮与行星齿轮均绕其旋转轴转动，而内齿轮的旋转也是在壳体内，所以在中心齿轮与行星齿轮的中心孔以及外齿轮的外圈（简化结果，实际为测速齿）添加"不可移动"约束。

齿轮的啮合需要为模型添加接触面组。COSMOSWorks 中的面组接触类型有"全局接触"与"局部接触"两种，其中，"全局接触"可以设定装配体文件中不同零件或多实体文件中不同实体的相触面之间的默认接触条件，适用于实体网格划分。因此为模型添加"全局接触"，为每两个齿轮间的接触面添加接触约束。

5.2.2.2 添加载荷

三型行星齿轮流量计属于高压流量计，理论最高压力可以达到 35MPa，所以在静力模型中齿轮的每个齿面上都施加 35MPa 的液压力。在实际工作中，液压力除了均匀地分布在齿轮的每个齿面上外，还会产生力矩，推动行星齿轮旋转。为了方便分析，将液力施加在每个齿轮上的力矩等效在中心齿轮中心旋转轴上。本书设计的三型行星齿轮流量计的排量是 140mL/r，最大工作压差为 0.1MPa，最大工作压力为 35MPa，所以在中心齿轮上添加 34N·m 的旋转力矩来模拟流量计的工作状态。施加了约束与载荷的模型如图 5-12 所示。

5.2.3 网格划分

首先按照系统默认网格划分，默认网格要素大小为 5.5mm，划分后网格单元数为 18435，节点数为 30746。系统默认网格划分如图 5-13 所示。

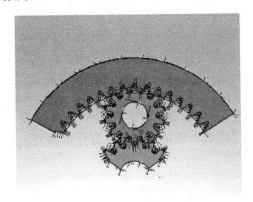
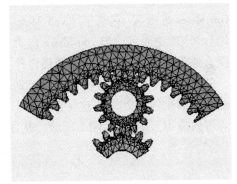

图 5-12 施加载荷与约束   图 5-13 自动生成的网格单元

按照齿轮的啮合原理，两个齿轮在啮合的过程中，其受力主要集中在主动齿轮和从动齿轮啮合的轮齿上。因此，有必要把齿轮啮合地方的网格划分得更细一点，这样更有助于对齿轮啮合过程中齿轮的受力情况进行分析。图 5-14 所示的网格质量，齿轮啮合之处和其他地方的网格稀密程度差不多，所以有必要将其进行修改。在"网格划分"—"应用控制"中，设置局部网格细化，在轮齿接触部分，将网格要素大小设定为 1mm。细化网格后网格单元数为 82081，节点数为 126843。细化网格后的模型如图 5-14 所示。

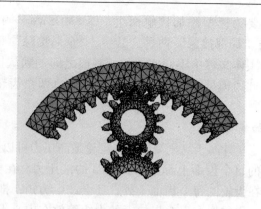

图 5-14　细化网格模型

5.2.4　计算结果分析

COSMOSWorks 提供了多种标准以检验材料的性能，从应力、变形和安全准则三个方面对三型行星齿轮流量计的性能进行分析。

5.2.4.1　应力分析

COSMOSWorks 支持"最大 von Mises 准则"、"最大抗剪应力准则"、"Mohr-Coulomb 准则"、"最大正应力准则"四个应力失效准则。本章采用默认"最大 von Mises 准则"，它基于"von Mises-Hencky"理论，也称为"最大变形能量理论"。该理论表示，当 von Mises 应力等于应力极限时，延性材料开始在某位置屈服。通常情况下，可以用屈服强度作为应力极限。

对研究专题进行分析，可以得到三型行星齿轮流量计的应力分布云图，系统默认变形比例是 2000，这样会使变形失真，手动设置变形比例为 300，重新设置后等效应力云图如图 5-15 所示。从图中可以看出流量计整体应力分布均匀，最

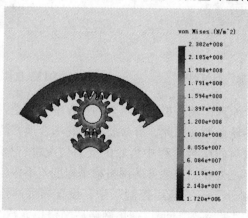

图 5-15　应力分布云图

大等效应力为 238MPa，远小于材料的屈服极限 620MPa。内齿轮处的应力值最小，齿根处应力值较大，中心齿轮与行星齿轮应力值较大。

5.2.4.2 整体变形分析

同样修改变形比例后，得到应变图解如图 5-16 所示。从图中可以看出，最大变形发生在行星齿轮的轮齿上，大小是 7.4×10^{-6} m，变形量由轮齿到齿轮旋转轴递减。

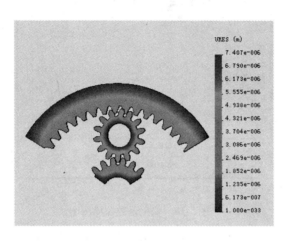

图 5-16　应变分布云图

5.2.4.3 安全系数分析

图 5-17 所示为三型行星齿轮流量计的安全系数云图，图中显示最小安全系数为 2.6，但实际上安全系数为 2.6 的点分布在剖分齿轮的边缘，不具备参考性，使用"探测"工具进行安全系数分析，由图 5-17 可以看出，行星齿轮的安全系

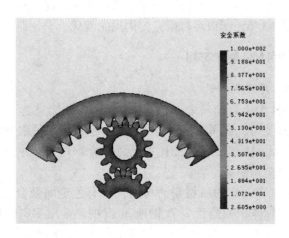

图 5-17　安全系数云图

数相对较小，因此在行星齿轮上，由齿顶至齿轮旋转中心，依次取 7 点进行探测，如图 5-18 所示，知其安全系数值在 7 ~ 13 之间，已属于超安全标准设计。

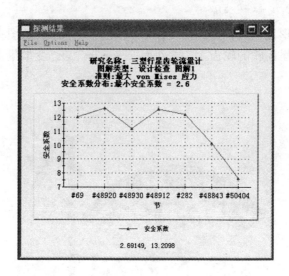

图 5-18   安全系数探测图

通过对三型行星齿轮应力、应变及安全系数的分析发现，无论是哪一项指标，合金钢材料都完全满足工作需求，然而设计的准则并不是越稳定、越安全越好，而是要求材料性能既能满足工作需求，又不至于造成材料的浪费，达到性能与经济的最优化。合金钢材料的齿轮由于自身的转动惯量大，因此在流量计量的过程中会消耗大量的能量，造成较大压降，考虑到现今工程塑料的发展，尤其是尼龙材料，已经广泛地应用于各类工程机械中替代钢件，而且尼龙的质量密度仅是合金钢材料的 1/5 ~ 1/6，即在相同角速度的情况下，尼龙材料的能量消耗仅为合金钢材料的 1/5 ~ 1/6，所以可以研究使用尼龙替代合金钢制造齿轮。

5.2.5   齿轮改用的 MC 尼龙材料

5.2.5.1   MC 尼龙简介

MC 尼龙制品作为工程塑料之一，"以塑代钢、性能卓越"，用途极其广泛。它具有重量轻、强度高、自润滑、耐磨、防腐、绝缘等多种独特性能。其摩擦系数比钢低 8.8 倍，比铜低 8.3 倍，而比重仅为铜的 1/7。MC 尼龙可直接取代原铜、不锈钢、铝合金等金属制品。

MC 尼龙在机械方面作为减振耐磨材料代替有色金属及合金钢，一个 400kg 尼龙制品，它的实际体积相当于 2.7t 钢或 3t 青铜，采用 MC 尼龙零部件，不仅提高了机械效率，减少了保养，而且一般使用寿命可提高 4 ~ 5 倍。

MC 尼龙的性质如下：

（1）高强度，能够长时间承受负荷；

（2）良好的回弹性，能够弯曲而不变形，同时能保持韧性，抵抗反复冲击；

（3）耐磨自润滑性，提供了优于青铜铸铁碳钢和酚醛层压板在无油（或脱油）润滑应用时的工作性能，降低消耗，节约能源；

（4）吸噪声、减震，MC尼龙模量比金属小得多，对震动的衰减大，提供了优于金属防止噪声的实用途径；

（5）与金属相比，MC尼龙硬度低，不损伤对磨件；

（6）低摩擦系数，提供了其在摩擦件上广泛应用的可能；

（7）化学稳定性高，具有耐碱、醇、醚、碳氢化合物、弱酸、润滑油、洗涤剂和水（海水）的特点，且无臭、无毒、无味、无锈。

5.2.5.2 尼龙材料的有限元分析

常用的尼龙材料有尼龙66和尼龙1010，研究所选取尼龙材料的物理性能见表5-1。

表 5-1 尼龙材料的物理性能

属性名称	数 值	属性名称	数 值
弹性模量/Pa	1.07×10^9	屈服强度/Pa	1.3904×10^8
普阿松比率/NA	0.4	热扩张系数/K^{-1}	3×10^{-5}
抗剪模量/Pa	3.2×10^9	热导率/W·(m·K)$^{-1}$	0.53
质量密度/kg·m^{-3}	1400	比热/J·(kg·K)$^{-1}$	1500
张力强度/Pa	1.4256×10^8		

采用与前面同样的方法对尼龙材料添加约束，施加载荷，划分网格，最终分析得到其应力、应变、安全系数图如图5-19~图5-22所示。

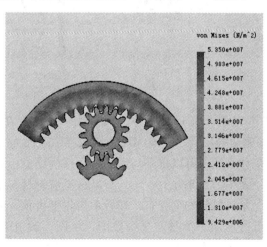

图 5-19 应力分布云图

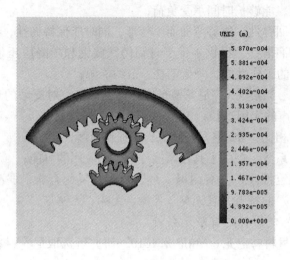

图 5-20   应变分布云图

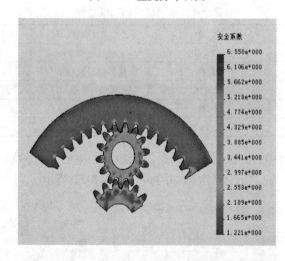

图 5-21   安全系数分布云图

由应力分布图可以看出，尼龙材料的最大应力发生在齿根处，大小为53.5MPa，而尼龙的屈服极限为 58~60MPa，所以在 35MPa 的超高压下，材料可以满足需求；从应变分布图中可以得到与钢结构同样的结论，即最大应变发生在行星齿轮的轮齿上，大小为 5.87×10^{-4}m，所以行星齿轮材料基本满足需求；安全系数图表反映了尼龙材料的安全分布，在行星齿轮上齿顶、齿根与齿面处，取出 6 个安全系数较低的区域，绘制安全系数图，从图 5-22 中可以看出，最小的安全系数发生在齿根处，其值略大于 1.5。以上分析参数可以证明，更换尼龙材料是完全可行的，而且上述分析数值是 35MPa 超高压情况下的计算结果，如果

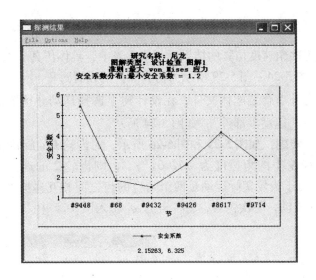

图 5-22 安全系数探测图

应用于 16 ~ 30MPa 高压情况，其性能将更好地满足工作需求。

5.3 行星齿轮流量计运动仿真

用 COSMOSMotion 进行机构运动仿真，过程简单、手段快捷。COSMOSMotion 的机构仿真一般步骤如图 5-23 所示。

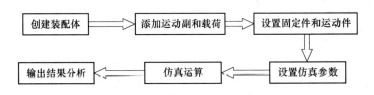

图 5-23 COSMOSMotion 软件仿真一般步骤流程图

齿轮流量计的理论来源是齿轮式马达，其主要功能是通过高性能的内啮合（或者是外啮合）齿轮式马达，把被测液体的瞬时流量信号转换为齿轮的转速信号，通过测量齿轮的瞬时转速从而得到流体的瞬时流量。因此，主要的转动部件是齿轮。对于三型行星齿轮流量计来说，其主要的运动部件为一个中心齿轮、三个径向齿轮和一个内齿轮。

5.3.1 外啮合齿轮运动分析

5.3.1.1 z_1 固定并保持啮合点线速度不变

考虑到对比的需要，设定 z_1 为主动轮，为了保持 z_2 齿轮啮合点线速度不变，在确定每次仿真参数时，主动齿轮的角速度为 $\omega_1 = 7200 \times \dfrac{z_2}{20}$，$z_2$ 从小到大变化，逐次变化，将每次角速度仿真的结果逐一填入表中，具体仿真参数的设置和仿真结果见表5-1。图5-24 ~ 图5-29所示为仿真软件的设置过程。

打开保存的外啮合装配体文件，在设计树上选择运动分析图标"⚙"，两个齿轮都设置为"运动零部件"，如图5-24所示。

添加一个旋转副，如图5-25和图5-26所示，对齿轮1的旋转设置一个速度，当 $z_2 = 20$ 时，齿轮1的角速度为 -7200 $(°)/s$，则齿轮2的理论角速度值应为 $7200(°)/s$，但由于齿轮实际运动是两个啮合的齿之间相互碰撞产生的，故齿轮2的角速度应会波动，每次仿真，将各自的 ω_1 填入图5-26中。

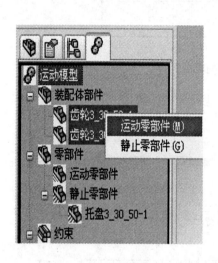

图5-24　设置运动部件

图5-25　定义两个运动部件的旋转副

单击"约束"／"碰撞"，选择"添加3D碰撞"命令，分别选择两个齿轮，如图5-27所示，单击"应用"按钮应用到齿轮副中。

右键点击"运动模型"，选择"仿真参数设置"，如图5-28所示。

单击■按钮或右键单击"运动模型"图标，选择"运行仿真"，启动仿真运行。

仿真运行结束后，使用右键单击设计树中从动齿轮，点选子菜单中绘制曲线，如图5-29所示，绘制从动齿轮角速度曲线。

当 $z_2 = 14$，16，50时，仿真曲线如图5-30 ~ 图5-32所示，由于碰撞的影响，实际结果是角速度有一定范围的波动，在一定程度上反映了齿轮啮合时的真实情况。

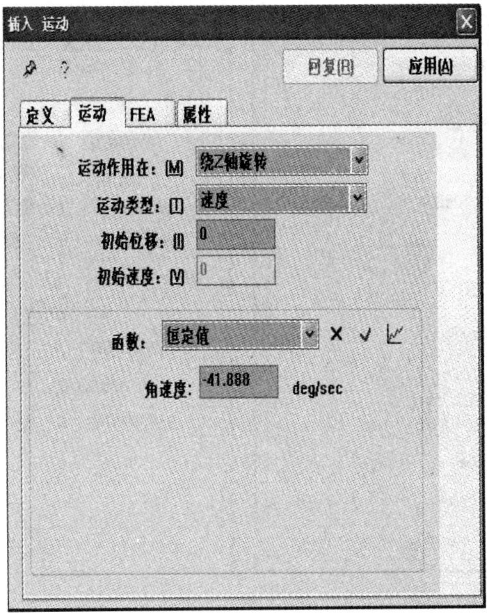

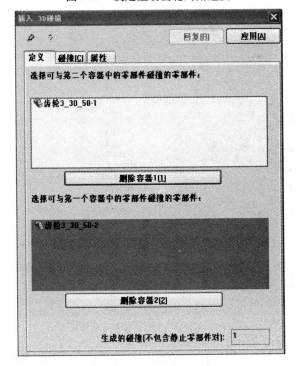

图 5-26 设定主动齿轮的角速度

图 5-27 定义 3D 碰撞

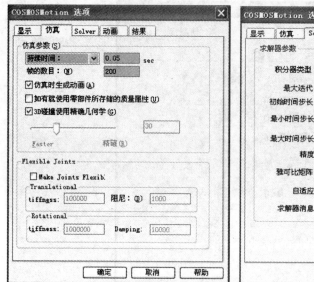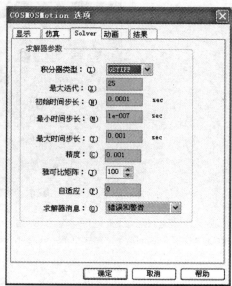

图 5-28 仿真参数设置

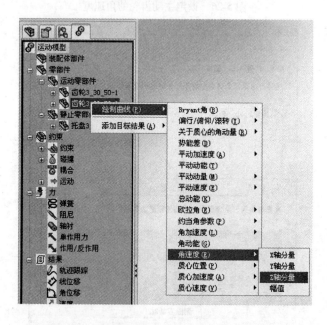

图 5-29 选择绘制齿轮 2 角速度曲线

由于齿轮流量计中，齿轮转速与流体流量成正比，因此齿轮角速度的脉动率也就反映了齿轮流量计中流量的脉动情况。

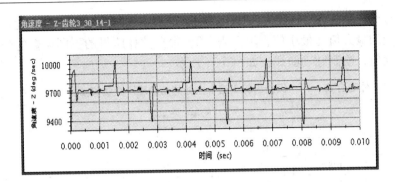

图 5-30　$z_1 = 19$，$z_2 = 14$ 时齿轮 2 的角速度仿真曲线

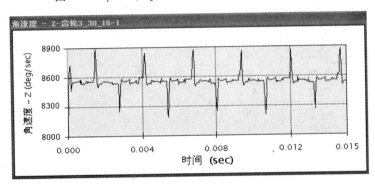

图 5-31　$z_1 = 19$，$z_2 = 16$ 时齿轮 2 的角速度仿真曲线

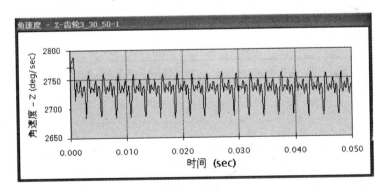

图 5-32　$z_1 = 19$，$z_2 = 50$ 时齿轮 2 的角速度仿真曲线

从上面齿轮 2 的角速度曲线中取出最大值 ω_{max} 和最小值 ω_{min}，角速度脉动值可由下式计算：

$$\delta_\omega = \frac{\omega_{max} - \omega_{min}}{\omega_m} = \frac{2(\omega_{max} - \omega_{min})}{\omega_{max} + \omega_{min}}$$

本章中，$\omega_m = \dfrac{\omega_{max} + \omega_{min}}{2}$。

对选择模数为3、齿宽为30而齿数不同的齿轮副进行仿真，找出每次角速度仿真曲线的最大值与最小值，填入表 5-2，根据计算所得的不同齿数的外啮合角速度脉动值，绘制脉动曲线，如图 5-33 所示。

表 5-2　外啮合 $z_1 = 19$，保持齿轮 2 啮合点处的角速度不变仿真参数设置及仿真结果

径向轮齿数 z_2	$\omega_{2min}/(°)\cdot s^{-1}$	$\omega_{2max}/(°)\cdot s^{-1}$	$(\omega_{2max}-\omega_{2min})/(°)\cdot s^{-1}$	$\omega_{2m}/(°)\cdot s^{-1}$	脉动值 δ_ω
8	15581	17440	1859	16510.5	0.112595015
9	14000	15500	1500	14750	0.101694915
10	12890	14096	1206	13493	0.089379678
11	11743	12771	1028	12257	0.083870441
12	10851	11780	929	11315.5	0.082099775
13	9945	10795	850	10370	0.081967213
14	9333	10125	792	9729	0.081406105
15	8730	9463	733	9096.5	0.080580443
16	8194	8870	676	8532	0.07923113
17	7730	8350	620	8040	0.077114428
18	7318	7876	558	7597	0.073450046
19	6940	7459	519	7199.5	0.072088339
20	6635	7032	397	6833.5	0.058096144
25	5421	5585	164	5503	0.029801926
30	4494	4625	131	4559.5	0.028731221
35	3855	3957	102	3906	0.026113671
40	3390	3474	84	3432	0.024475524
45	2985	3058	73	3021.5	0.024160185
50	2691	2753	62	2722	0.02277737

注：中心轮齿数 $z_1 = 19$，齿轮模数 $m = 3mm$，齿宽为 30mm，中心轮角速度 $\omega_1 = -1800(°)/s$（其他齿数的按齿数比设定）。

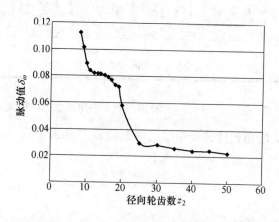

图 5-33　$z_1 = 19$ 并保持齿轮 2 啮合点处线速度不变时齿轮 2 的角速度脉动曲线

由仿真结果可知，当 z_1 为 19 且 z_2 由小到大变化时，齿轮 2 的角速度脉动值随齿轮齿数的增加而减小，当 z_2 大于 25 时，齿轮 2 的角速度脉动值将明显减小，当 z_2 为 11~16 时，角速度脉动值变化不大，约为 8%，由此可得，当三型行星齿轮流量计的中心轮齿数 z_1 为 19、径向轮 z_2 为 14 时，角速度脉动值约为 8.14%。

5.3.1.2 齿数相同的外啮合齿轮运动仿真分析

当 $z_1 = z_2$ 由小到大变化时，仿真参数设置及运动仿真结果见表 5-3。

表 5-3 外啮合 ($z_1 = z_2$) 仿真齿数设置及仿真结果

径向轮齿数 $z_1 = z_2$	$\omega_{2min}/(°) \cdot s^{-1}$	$\omega_{2max}/(°) \cdot s^{-1}$	$(\omega_{2max} - \omega_{2min})/(°) \cdot s^{-1}$	$\omega_{2m}/(°) \cdot s^{-1}$	脉动值 δ_ω
8	16878	19113	2235	17995.5	0.124197716
9	15352	16669	1317	16010.5	0.082258518
10	14100	15220	1120	14660	0.076398363
11	12860	13760	900	13310	0.067618332
12	11756	12560	804	12158	0.066129298
13	10738	11466	728	11102	0.06557377
14	9990	10645	655	10317.5	0.063484371
15	9341	9940	599	9640.5	0.062133707
16	8742	9289	547	9015.5	0.060673285
17	8222	8712	490	8467	0.057871737
18	7790	8212	422	8001	0.052743407
19	7385	7765	380	7575	0.050165017
20	7024	7305	281	7164.5	0.03922116
25	5690	5833	143	5761.5	0.024819925
30	4758	4868	110	4813	0.022854768
35	4083	4163	80	4123	0.019403347
40	3578	3623	45	3600.5	0.012498264
45	3184	3231	47	3207.5	0.014653157
50	2865	2900	35	2882.5	0.012142238

注：齿轮模数 $m = 3$mm，齿宽为 30mm，设定齿数 20 的中心轮角速度 $\omega_1 = -1800(°)/$s(其他齿数的按齿数比设定)。

根据表 5-3 计算所得的不同齿数的外啮合角速度脉动值，绘制脉动曲线，如图 5-34 所示。

由图 5-34 可知，当 $z_1 = z_2$ 时，随着 z_1，z_2 齿数的增加，齿轮 2 的角速度脉动值随齿轮齿数的增加而减小，当 $z_1 = z_2 \geq 25$ 时，角速度脉动值将明显减小，其值

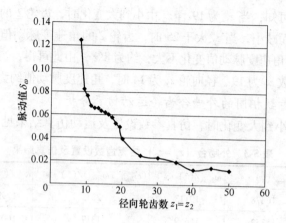

图 5-34 $z_1 = z_2$ 时齿轮 2 的角速度脉动曲线

将小于 2.5% 。

5.3.2   内啮合齿轮运动分析

对于一对内啮合齿轮,其角速度之比与齿数成反比,当设定径向轮的角速度时,内齿轮的转速也应该是一个定值;反之,当固定内齿轮角速度时,径向轮的角速度也是一个定值。但是由于碰撞的影响,实际结果是角速度有一定范围的波动,这在一定程度上也反映了齿轮啮合的真实情况。

同样,选择模数为 3mm、齿宽为 30mm 的齿轮副进行仿真分析。

5.3.2.1   固定内齿轮齿数的内啮合齿轮运动仿真分析

当 $z_3 = 43$, $\omega_3 = 720(°)/s$, z_2 由小到大变化时,仿真参数设置及仿真结果见表 5-4。

表 5-4 $z_3 = 43$ 时仿真齿数设置及仿真结果

径向轮齿数 z_2	$\omega_{2min}/(°) \cdot s^{-1}$	$\omega_{2max}/(°) \cdot s^{-1}$	$(\omega_{2max} - \omega_{2min})/(°) \cdot s^{-1}$	$\omega_{2m}/(°) \cdot s^{-1}$	脉动值 δ_ω
8	3432. 4	4349. 4	917	3890. 9	0. 235678121
9	3083. 6	3701. 7	618. 1	3392. 65	0. 182187965
10	2636. 2	3161	524. 8	2898. 6	0. 181052922
11	2474. 1	2901. 1	427	2687. 6	0. 158877809
12	2431. 5	2657. 4	225. 9	2544. 45	0. 088781466
13	2291. 4	2454	162. 6	2372. 7	0. 068529523
14	2169. 2	2242. 5	73. 3	2205. 85	0. 033229821
15	2045. 6	2082. 2	36. 6	2063. 9	0. 017733417
16	1921. 3	1946. 7	25. 4	1934	0. 013133402

径向轮齿数 z_2	$\omega_{2min}/(°)\cdot s^{-1}$	$\omega_{2max}/(°)\cdot s^{-1}$	$(\omega_{2max}-\omega_{2min})/(°)\cdot s^{-1}$	$\omega_{2m}/(°)\cdot s^{-1}$	脉动值 δ_ω
17	1808.1	1830.3	22.2	1819.2	0.012203166
18	1694.9	1713.9	19	1704.4	0.011147618
19	1619.5	1637.6	18.1	1628.55	0.011114181
20	1537.5	1554.1	16.6	1545.8	0.010738776
25	1228.1	1241.2	13.1	1234.65	0.010610294
30	1022.8	1033.2	10.4	1028	0.010116732
35	887.3	896	8.7	891.65	0.009757192
40	770.3	777.5	7.2	773.9	0.009303528

注：内齿轮齿数 $z_3 = 43$，齿轮模数 $m = 3mm$，齿宽为 $30mm$，内齿轮角速度 $\omega_3 = 720(°)/s$。

根据表 5-4 中的角速度的脉动值，绘制角速度脉动值随 z_2 的变化曲线，如图 5-35 所示。

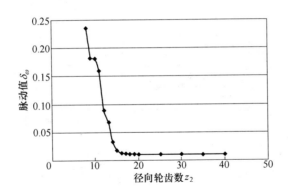

图 5-35 $z_1 = 43$ 时齿轮 2 的角速度脉动曲线

由图 5-35 可知，当内齿轮的齿数固定为 43 时，齿轮 2 的角速度脉动值随径向齿轮齿数的增加而减小，当 $z_2 > 14$ 时，角速度脉动值将低于 3.33%。

5.3.2.2 固定径向小齿轮齿数的内啮合齿轮运动仿真分析

固定径向小齿轮齿数，内齿轮齿数由小到大变化时，内啮合齿轮运动仿真的仿真参数设置和仿真结果见表 5-5。

表 5-5 $z_2 = 14$ 时仿真齿数设置及仿真结果

内齿轮齿数 z_3	$\omega_{3min}/(°)\cdot s^{-1}$	$\omega_{3max}/(°)\cdot s^{-1}$	$(\omega_{3max}-\omega_{3min})/(°)\cdot s^{-1}$	$\omega_{3m}/(°)\cdot s^{-1}$	脉动值 δ_ω
25	3807	4306	499	4056.5	0.123012449
30	3246	3590	344	3418	0.100643651
35	2762	3043	281	2902.5	0.096813092

续表 5-5

内齿轮齿数 z_3	$\omega_{3min}/(°)\cdot s^{-1}$	$\omega_{3max}/(°)\cdot s^{-1}$	$(\omega_{3max}-\omega_{3min})/(°)\cdot s^{-1}$	$\omega_{3m}/(°)\cdot s^{-1}$	脉动值 δ_ω
40	2441	2578	137	2509.5	0.054592548
41	2404	2493	89	2448.5	0.036348785
42	2352	2432	80	2392	0.033444816
43	2299	2375	76	2337	0.032520325
44	2249	2321	72	2285	0.031509847
45	2201	2269	68	2235	0.030425056
46	2154	2219	65	2186.5	0.029727876
47	2108	2171	63	2139.5	0.029446132
52	1913	1961	48	1937	0.024780589

注：径向轮齿数 $z_2 = 14$，齿轮模数 $m = 3mm$，齿宽为 30mm，径向轮角速度 $\omega_2 = 7200(°)/s$。

根据上面计算所得的不同齿数的外啮合角速度脉动值，绘制脉动曲线，如图 5-36 所示。

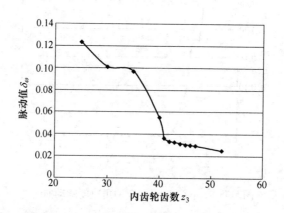

图 5-36　$z_2 = 14$ 时内齿轮的脉动曲线

由图 5-36 可知，当径向小齿轮的齿数 z_2 为 14 时，齿轮 3 的角速度脉动值随内齿轮齿数的增加而减小，当 $z_3 > 41$ 时，齿轮 3 的角速度脉动值将小于 3.6%。

5.3.3　行星齿轮运动分析

由于行星齿轮流量计由三对外啮合和三对内啮合齿轮副共同组成，因此，需要对各个齿轮做运动仿真研究[113]。

根据行星齿轮流量计的优化约束条件，取 $z_1 = 19$，$z_2 = 14$，$z_3 = 47$，$m = 3mm$，$B = 30mm$，中心轮的转速为 $-7200(°)/s$，仿真持续时间为 0.03s，帧数取 1500 帧，接触采用为 3D 接触使用精确几何体。

由图 5-37 可得，三个径向轮的最大角速度为 10120(°)/s，最小角速度为 9640(°)/s，所以径向轮的角速度脉动值为 $\delta_2 = 4.86\%$，且三个行星齿轮的角速度相互错位，内齿轮的最大角速度为 2952(°)/s，最小角速度为 2868(°)/s，所以内齿轮的角速度脉动值为 $\delta_3 = 2.89\%$。

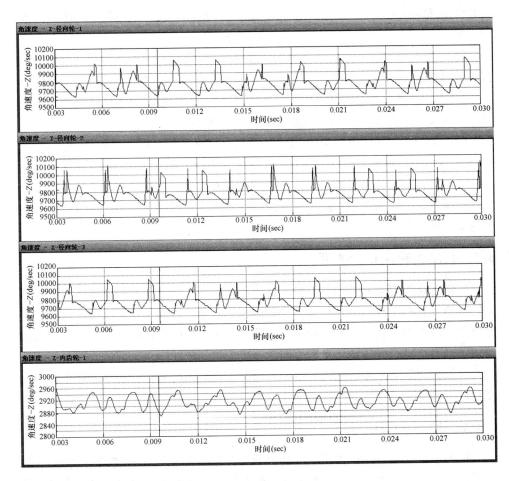

图 5-37　行星轮、内齿轮的运动仿真

由图 5-37 所示仿真结果发现，三型行星齿轮流量计内齿轮和径向轮所产生的角速度脉动都非常小，因此对系统的影响也很低，适合于做液压系统的流量计。

5.3.4　小结

本节利用三维实体建模软件及其运动仿真软件对不同齿数的外啮合与内啮合的齿轮转速情况进行了仿真研究，得出如下结论：

（1）对于外啮合，当 $z_1 = 19$ 且 z_2 由小到大变化时，齿轮 2 的角速度脉动值随齿轮齿数的增加而减小，当 $z_2 > 25$ 时，齿轮 2 的角速度脉动值将明显减小，当 $z_2 = 11 \sim 16$ 时，角速度脉动值变化不大。

（2）当 $z_1 = z_2$ 时，随着 z_1，z_2 齿数的增加，齿轮 2 的角速度脉动值随齿轮齿数的增加而减小，当 $z_1 = z_2 \geqslant 25$ 时，角速度脉动值将明显减小，其值将小于 2.5%。

（3）当内齿轮的齿数固定为 41 时，齿轮 2 的角速度脉动值随径向齿轮的齿数的增加而减小，当 $z_2 > 14$ 时，角速度脉动值将低于 3.33%。

（4）当径向小齿轮的齿数 $z_2 = 14$ 时，齿轮 3 的角速度脉动值随内齿轮齿数的增加而减小，当 $z_3 > 41$ 时，其角速度脉动值将小于 3.6%。

（5）对于三型行星齿轮流量计，当 $z_1 = 19$，$z_2 = 14$，$z_3 = 47$ 时，$\delta_{\omega 2} = 4.86\%$，$\delta_{\omega 3} = 2.89\%$，角速度不均匀度较小，适合于做流量计。这个结果为齿行星齿轮流量计的齿数选择提供了依据，尤其对测量液压系统高压侧流量行星齿轮流量计来说，通过合理地选择齿轮齿数，降低角速度脉动，对提高测量系统的精度有重要的意义。

5.4　行星齿轮流量计的模态分析

任何物体都有自身的固有频率，也称特征频率，用系统方程描述后就是矩阵的特征值，很多工程问题都涉及系统特征频率问题，目的是防止共振、自激振荡之类的事故发生。历史上有名的事件就是，步兵按统一步伐过大桥，结果把大桥震塌了。飞机飞行时更要注意频率问题，避免与气流共振，风洞试验就是测试这种力学结构问题的。模态分析的目的是想办法提高结构的特征频率，现在的手段就是改变、优化设计尺寸和设法减小结构的质量。

5.4.1　模态分析概述

模态分析是将线性定常系统振动微分方程组中的物理坐标变换为模态坐标，使方程组解耦，成为一组以模态坐标及模态参数描述的独立方程，以便求出系统的模态参数。坐标变换的变换矩阵为模态矩阵，其每列为模态振型。

模态分析技术源于 20 世纪 30 年代提出的将机电比拟的机械阻抗技术。由于当时测试技术及计算机技术的限制，它在很长时期内发展非常缓慢。至 20 世纪 50 年代末，该技术仅限于离散稳态正弦激振方法。20 世纪 60 年代初，跟踪滤波器的问世使得频响函数的测试大大节约了时间，四相测试仪的出现并利用模态正交性，使相邻将近的模态加以分离成为可能。与此同时，开始利用计算机对模态参数进行识别，先将跟踪滤波器输出的模拟量经模数转换输入计算机，并应用数值计算方法进行参数识别[114,115]。

模态分析提供了研究各种实际结构振动的一条有效途径。首先，将结构物在静止状态下进行人为激振，通过测量激振力与振动响应并进行双通道快速傅里叶变换（FFT）分析，得到任意两点之间的机械导纳函数（传递函数）。用模态分析理论通过对实验导纳函数的曲线拟合，识别出结构物的模态参数，从而建立起结构物的模态模型。根据模态叠加原理，在已知各种载荷时间历程的情况下，就可以预言结构物的实际振动的响应历程或响应谱。模态分析技术的应用可归结为以下几个方面：

（1）评价现有结构系统的动态特性；

（2）在新产品设计中进行结构动态特性的预估和优化设计；

（3）诊断及预报结构系统的故障；

（4）控制结构的辐射噪声；

（5）识别结构系统的载荷。

模态分析分为理论模态分析和实验模态分析。理论模态分析或称模态分析的理论过程，是指以线性振动理论为基础，研究激励、系统、响应三者的关系，如图 5-38 所示。

图 5-38　模态分析流程图

实验模态分析（EMA）又称模态分析的实验过程，是理论分析的逆过程。首先，实验测得激励和响应的时间历程，运用数字信号处理技术求得频响函数（传递函数）或脉冲响应函数，得到系统的非参数模型；其次，运用参数识别方法，求得系统模态参数；最后，如果有必要，进一步确定系统的物理参数。因此，实验模态分析是综合运用线性振动理论、动态测试技术、数字信号处理和参数识别等手段，进行系统识别的过程。

计算模态分析实际上是一种理论建模过程，主要是运用有限元法对振动结构进行离散，建立系统特征值问题的数学模型，用各种近似方法求解系统特征值和特征矢量。由于阻尼难以准确处理，因此通常均不考虑小阻尼系统的阻尼，解得的特征值和特征矢量即系统的固有频率和固有振型矢量。

参数识别属于系统识别的一种。它是指根据观测到的输入输出数据建立系统的数学模型，并要求这个数学模型按照一定准则，尽可能精确地反映系统的动态特性。

模态参数识别分为频域法和时域法。频域法又称曲线拟合法，即用理论曲线拟合实测曲线，使之误差最小，主要包括最小二乘圆拟合法、非线性加权最小二乘法、直接偏倒数法、Levy 法、正交多项式拟合法、分区模态综合法和频域总体识别法等。频域法最大优点是利用频域平均技术，最大限度地抑制了噪声的影响，使模态定阶问题容易解决。由于对非线性参数需用迭代法识别，因而分析周期长；又由于必须使用激励信号，一般需增加复杂的激振设备，特别是对大型结构，尽管可采用多点激振技术，但有时仍难以实现有效激振。

时域法是基于响应信号的参数识别方法，主要包括 ITD 法、最小二乘复指数法（LSCE）、ARMA 时序分析法、多参考点复指数法（PRCE）、特征系统实现法（ERA）等。时域参数识别法的主要优点是只用实测响应信号，无需 FFT 变换，因而可进行在线分析，使用设备简单。当然，其缺点也很明显，由于不采用脉冲响应信号，不使用平均技术，因而分析信号中包含噪声干扰，所识别的模态中除系统模态外，还包含噪声模态。

5.4.2　三型行星齿轮流量计的模态分析理论

三型行星齿轮流量计的模态分析可以分无阻尼系统实模分析、结构比例阻尼系统实模态分析两种情况加以描述。一般分析时，首先研究其理想状态下的模态情况，即无阻尼系统的模态分析。

无阻尼系统又称保守系统。具有 n 个自由度的无阻尼振动系统的振动微分方程为[70,116]：

$$Mx'' + Kx = f(t) \tag{5-1}$$

式中，x，x''为用物理坐标描述的位移列阵和加速度列阵，n 阶；$f(t)$ 为外部激励列阵，n 阶；M、K 为系统的质量矩阵和刚度矩阵，$n \times n$ 阶，均为实对称矩阵。

令 $f(t) = 0$，则

$$Mx'' + Kx = 0 \tag{5-2}$$

设特解

$$x = \varphi e^{j\omega t} \tag{5-3}$$

式中，φ 为自由响应的幅值列阵，n 阶。将式（5-3）代入式（5-2），得

$$(K - \omega^2 M)\varphi = 0 \tag{5-4}$$

当 φ 为非零时，这是一个广义特征值问题，ω^2 为特征值，φ 为特征矢量。式（5-4）也是以 φ 中元素为变量的 n 阶代数齐次方程组，$(K - \omega^2 M)$ 为其系数矩阵。该方程有非零解的充要条件是其系数矩阵行列式为零，即

$$\left| K - \omega^2 M \right| = 0 \tag{5-5}$$

称为式（5-4）的特征方程的特征值问题，它是关于 ω^2 的 n 次代数方程。设无重根，解此方程得 ω 的 n 个互异正根 $\omega_{0i}(i = 1, 2, \cdots, n)$，通常按升序排列。则

$$0 < \omega_{01} < \omega_{02} < \cdots < \omega_{0n}$$

ω_{0i} 为振动系统的第 i 阶主频率（模态频率），此时对应无阻尼振动系统，主频率即固有频率。

将 $\omega_{0i}(i = 1,2,\cdots,n)$ 代入式（5-4），得到关于 $\boldsymbol{\varphi}_i$ 中元素的具有 $n-1$ 个独立方程的代数方程组。共解得 n 个线性无关的非零矢量 $\boldsymbol{\varphi}_i$ 的比例解，通常选择一定方法进行归一化，称为主振型，因对应无阻尼振动系统，故为固有振型。此时为实矢量：

$$\boldsymbol{\varphi}_i = \begin{bmatrix} \varphi_{1i}\varphi_{2i}\cdots\varphi_{ni} \end{bmatrix}^{\mathrm{T}}(i = 1,2,\cdots,n) \tag{5-6}$$

特征值与特征矢量称为系统的特征对。将 n 个特征矢量 $\boldsymbol{\varphi}_i$ 按列排成一个 $n \times n$ 阶矩阵：

$$\boldsymbol{\varphi} = \begin{bmatrix} \varphi_1\varphi_2\cdots\varphi_n \end{bmatrix} \tag{5-7}$$

称为系统的特征矢量矩阵，此时特征矢量即为模态矢量，故又称为模态矩阵。

具有 n 个自由度的结构阻尼系统振动微分方程为：

$$\boldsymbol{M}\boldsymbol{x}'' + (\boldsymbol{K} + j\boldsymbol{G})\boldsymbol{x} = \boldsymbol{f}(t) \tag{5-8}$$

式中，$\boldsymbol{G}$ 为结构阻尼矩阵，是正定或半正定实对称矩阵，$n \times n$ 阶。$(\boldsymbol{K} + j\boldsymbol{G})$ 称为复刚度矩阵，$n \times n$ 阶复对称矩阵。

式（5-8）结构阻尼系统的振动微分方程，其方程解法与无阻尼系统相似，都是通过求特征值和特征向量使原方程解耦。与三型行星齿轮流量计的振动形态属于复模态分析，即兼具了无阻尼振动和结构阻尼振动，因此可以将三型行星齿轮流量计的振动方程表示为：

$$\boldsymbol{M}\boldsymbol{x}'' + \boldsymbol{K}\boldsymbol{x} = \boldsymbol{f}(t) \tag{5-9}$$

式中，$\boldsymbol{M}$ 为系统的质量矩阵；$\boldsymbol{K}$ 为系统的复刚度矩阵；$\boldsymbol{x}''$ 为系统的复加速度列阵；$\boldsymbol{x}$ 为系统的复位移列阵。

求解方程式（5-9）后，可得系统的 n 阶特征值 (ω_1^2,φ_1)，(ω_2^2,φ_2)，$\cdots$，(ω_n^2,φ_n)，本书中 $\omega_1,\omega_2,\cdots,\omega_n$ 代表系统的 n 阶固有频率，$\varphi_1,\varphi_2,\cdots,\varphi_n$ 代表系统的 n 阶振型。每一组特征值和特征向量决定结构的一种自由振动形式，它意味着三型行星齿轮流量计的每一阶模态都是唯一的，任一阶振型不能通过其他振型的线性组合得到。

综上分析，三型行星齿轮流量计齿轮系统在实际工作过程中应兼具黏性比例阻尼与结构比例阻尼两种形态。其中，由结构物周围的流体等黏性介质产生的阻尼称为黏性比例阻尼，由结构本身的内摩擦引起的阻尼称为结构比例阻尼。黏性阻尼与各点的速度成比例，结构阻尼与各点的变形速度成比例（所谓的"成比例"是近似的比例关系）。所以，黏性阻尼矩阵与质量矩阵相似，结构阻尼矩阵与刚度矩阵相似,这属于复模态系统的范畴,尽管复模态分析有不同的形式,如状态变量法、广义正交法和预解式法,但其求解思想仍与无阻尼系统相似,实质上是统一的,都是通过求特征值和特征向量使原方程解耦。利用比例阻尼假设估计齿轮传动系统的复特征值是合理的;当系统阻尼不太大时,由此给出的复特征值的近似解具有可接受的乃至良好的精度[117,118]。

求解方程需要矩阵参数,这需要通过实验来取得,但实验模态法需要的设备昂贵,而且计算量大,费时费力。现在利用 SolidWorks 自带的有限元分析软件 COSMOSWorks 对三型行星齿轮流量计模态加以分析,得到的结果与实验法相差不大,可供参考。

5.4.3　三型行星齿轮流量计的模态分析

首先使用 SolidWorks 建立三型行星齿轮流量计的三维模型,在计算中,为了保证精度,取 50 阶模态分析。因为模态振型具有叠加性,又考虑到流量计在实际工作中,壳体与中间体是固定的,所以只需要对流量计中 14,19 齿齿轮与 47 齿的内齿轮分别加以分析,得到振动频率范围。

5.4.3.1　径向轮（14 齿）的模态分析

在 SolidWorks 中建立齿轮的模型后,选择"工具"—"插件",勾选 COSMOSWorks2006,如图 5-39 所示。

A　建立研究专题并定义材料

研究专题由一系列参数所定义,这些参数能够完整地表述该物理问题的有限元模型。一个研究专题的完整定义包括分析类型和选项、材料、载荷和约束、网格几个方面。

选择"COSMOSWorks"下拉菜单中的"研究",在弹出的"研究"对话框中,输入研究名称为"模态分析",网格类型为"实体网格",研究类型为"频率",点击"确定",完成研究专题的设置,如图 5-40 所示。

在"模态分析"下拉列表框中,右击"实体",选择"应用材料到所有"（因为是单个实体,所以直接设置材料即可,如果是装配体分析,则需要将"实

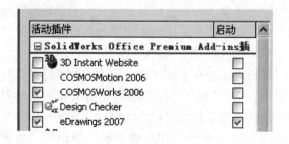

图 5-39　COSMOSWorks 插件

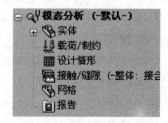

图 5-40　定义研究专题

体"下拉列表框打开，对应不同零件，分别设置材料属性)。因为 SolidWorks 中自带的材料无齿轮使用的合金材料，所以需要单独设置材料属性，选择模型类型为"线性弹性同向"，单位是"SI"，设置材料属性见表 5-6。

表 5-6 材料物理性质

属性名称	数 值	属性名称	数 值
弹性模量/Pa	2.08×10^{10}	屈服强度/Pa	8.2042×10^{8}
普阿松比率/NA	0.29	热扩张系数/K^{-1}	1.3×10^{-5}
抗剪模量/Pa	7.9×10^{10}	热导率/$W \cdot (m \cdot K)^{-1}$	50
质量密度/$kg \cdot m^{-3}$	7700	比热/$J \cdot (kg \cdot K)^{-1}$	460
张力强度/Pa	7.2383×10^{8}		

B 建立约束并施加载荷

COSMOSWorks 提供一个智能对话框来定义负荷和约束。只有被选中的模型具有的选项才被显示，其不具有的选项则为灰色不可选项。例如，如果选择的面是圆柱面或是轴，对话框则让定义半径、圆周、轴向抑制和压迫力。负荷和约束是和几何体相关联的，当几何体改变时，它们自动调节。在运行分析前，可以在任意的时候指定负荷和约束。运用拖动（或复制粘贴）功能，COSMOSWorks 允许在管理树中将条目或文件拷贝到另一个兼容的专题中。

在实际工作中，齿轮绕其中心轴旋转，因此，为模拟齿轮的实际工作状态，将齿轮中心施加"不可移动（无平移）"约束，此约束多用于轴向旋转的物体，若需要添加约束，可右击"载荷/制约"，选择"约束"，进行添加；若需要修改某项设置，可以右击"载荷/制约"下拉框中的"制约"，选择"编辑定义"，进行修改。模态分析即研究自由振动下的振动频率，所以无需对齿轮施加载荷，振型和固有频率由其固有结构参数决定。

C 频率设置与解算器选择

右击"模态分析"，在弹出的下拉框中选择"属性"，可以看到系统默认勾选的"频率数"为 5，这不能满足齿轮实际振动振型多样的要求，为得到齿轮的更多振型，将"频率数"改为 50。

"解算器"中有三个种类供选用，分别是 Direct Sparse 解算器、FFE 解算器和 FFEPlus 解算器。Direct Sparse 解算器也称为直接解算器，它直接使用精确的数字求解方程式。FFE 和 FFEPlus 均采用迭代方法，但两者采用不同的方程式，以重新排序法和数据存储方法来解决问题。在具体选用时可根据各种因素选择适当的解算器。

D 网格划分

在 COSMOSWorks 环境中，网格划分是自动生成的，同时也可以指定特定的区域进行特定的网格划分。如果在求解之前，没有指定特定的区域进行网格划分，程序会自动地为所创建的零件或是装配体进行网格划分，并且在求解的过程中，完成网格的划分。软件会根据零件或是装配体的尺寸大小来决定单元的大小。

　　求解之前，可以右击"网格"，在弹出的菜单中选择"选项"，在"选项"对话框的"网格"下，可以设置网格划分的参数，包括网格品质（草稿 D/高H）、网格器类型（标准 S/交替 L）、雅各宾式检查（无/4 点/16 点/29 点/在节处）、网格控制（自控过渡 A/光滑表面 M），保持系统默认选项。右击"网格"图标，在弹出的下拉列表中选择"生成"，此时可以调整网格的大小和公差，如图 5-41 所示，因为所分析的零件结构简单，故将精度调整为最细，即整体网格大小 1.6mm，公差 0.08mm，以得到精确解。此时可以直接点击 ，观察网格划分情况，网格划分后的齿轮如图 5-42 所示，右击"网格"—"细节"，可以查看网格的详细情况，表中显示网格划分后，节点总数为 91691，要素总数为 61702。

图 5-41　定义网格

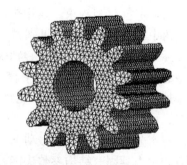

图 5-42　网格划分

　　如果想要控制某一部分的网格质量，可以选择"网格"—"应用控制"来为某特定的区域指定特定的网格质量。

　　E　运行观察结果

　　运行"模态分析"，可得到齿轮 50 阶的模态，在"变形"中可分别查看每一阶图形的频率和振型。有时候会发生只有振型，没有频率（没有图解）的情况，这是因为 COSMOSWorks 中 3D 图形处理的问题。只要在做分析之前选择"工具"—"选项"—"系统选项"—"性能"，然后勾选"使用文件 Open-GL"，再进行分析，分析后便可以正确显示结果。

　　每一阶模态反映的只是该阶振动频率下某一时刻静止状态的振型，正确观察该阶振型的方法是选择"动画"加以观察，为方便区分不同模态下不同的振型，还可以选择"设定"—"变形图解选项",勾选"将模型叠加于变形形状上",并调整下方的模型颜色指针,达到最佳的观察状态。最后,右击"变形"—"列举共振频率",得到齿轮50阶的模态频率。为方便观察和归纳总结,齿轮的振型可以分为圆周振、弯曲振、伞振等几种类型,而每种类型又可再细分为同向与逆向、一阶、二阶等。各类型的定义及图解(如图5-43~图5-45所示)如下:

(1)圆周振。轴向基本无振动,在端面上为圆周方向的振动,包括了零阶圆周振、一阶圆周振、二阶圆周振等。

剖面对称圆周振指齿轮两端面的圆周振动关于到两端面距离相等的一个约定面对称;如果两端面振动方向相同,称为关于剖面对称的同向圆周振,简称为同向圆周振,否则称为关于剖面对称的逆向圆周振,简称为逆向圆周振。按照圆周振的振型,可分为一阶逆向(同向)圆周振,二阶逆向(同向)圆周振等。

(a)　　　　　　　　　　　　　(b)

(c)　　　　　　　　　　　　　(d)

(e)　　　　　　　　　　　　　(f)

图 5-43　各类圆周振举例

(a)零阶圆周振;(b)一阶圆周振;(c)一阶逆向圆周振;

(d)三阶逆向圆周振;(e)一阶同向圆周振;(f)二阶同向圆周振

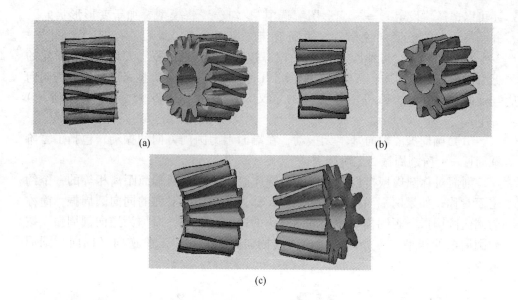

(a)　　　　　　　　　　　　　　　　　　(b)

(c)

图 5-44　弯曲振

（a）一阶同向弯曲振；（b）二阶同向弯曲振；（c）一阶逆向弯曲振

　　（2）弯曲振。端面发生沿轴向的折叠变化，包括一阶弯曲振、二阶弯曲振等。如果两端面弯曲振动沿轴向方向相同，称为轴向同向弯曲振，简称为同向弯曲振；若两端面弯曲振动沿轴向方向相反，称为轴向逆向弯曲振，简称为逆向弯曲振。按照弯曲振动的形式，可以分为一阶同向（逆向）弯曲振、二阶同向（逆向）弯曲振等。

图 5-45　伞振

　　（3）伞振。轴向的振动收缩为伞形。

　　通过上述图形，可以看出齿轮的振型是多样的，既有轮齿的摆动，也有端面的变化。虽然上述图形均是放大了变形比例后的图形，但其真实的尺寸变化也不可忽视，当外界频率达到其固有频率，且激振力足够大的时候，齿轮的外形和运动都将产生波动，在行星齿轮传动中，影响更为明显，轻则影响系统动态响应，破坏流动连续性，重则彼此传动的轮齿啮合部将"咬死"，给高压系统带来危害。

　　表 5-7 是 14 齿（三型行星流量计中行星轮）模态列表，包括了各阶模态的振动频率和相应的振型，可以更清晰地观察齿轮的振动状况。

表5-7 径向轮模态列表

模 态	固有频率/Hz	振 型	模 态	固有频率/Hz	振 型
1	11127	零阶圆周振	26	20170	二阶同向弯曲振
2	13949	一阶圆周振	27	20738	四阶逆向圆周振
3	13956	一阶圆周振	28	20760	四阶逆向圆周振
4	14832	一阶同向弯曲振	29	20785	四阶逆向圆周振
5	14839	一阶同向弯曲振	30	20800	四阶逆向圆周振
6	15116	一阶逆向圆周振	31	20814	三阶逆向圆周振
7	15757	伞 振	32	20826	三阶逆向圆周振
8	17055	一阶逆向弯曲振	33	20843	三阶逆向圆周振
9	17059	一阶逆向弯曲振	34	20899	三阶同向弯曲振
10	17723	二阶圆周振	35	20904	三阶同向弯曲振
11	17746	二阶圆周振	36	22752	零阶同向圆周振
12	18156	一阶同向弯曲振	37	22946	一阶同向圆周振
13	18157	一阶同向弯曲振	38	22968	一阶同向圆周振
14	18978	三阶圆周振	39	23324	四阶同向弯曲振
15	18982	二阶圆周振	40	23329	四阶同向弯曲振
16	19013	二阶圆周振	41	23812	二阶同向圆周振
17	19034	四阶圆周振	42	23824	二阶同向圆周振
18	19046	四阶圆周振	43	24931	三阶同向圆周振
19	19061	五阶圆周振	44	24936	三阶同向圆周振
20	19073	五阶圆周振	45	25429	四阶同向弯曲振
21	19098	四阶圆周振	46	25438	四阶同向弯曲振
22	19114	四阶圆周振	47	25577	四阶同向圆周振
23	20144	二阶同向弯曲振	48	25588	四阶同向圆周振
24	20151	二阶同向弯曲振	49	25838	五阶同向圆周振
25	20161	二阶同向弯曲振	50	25939	六阶同向圆周振

5.4.3.2 中心齿轮（19齿）的模态分析

中心齿轮（19齿）的模态分析可以参照14齿径向轮模态分析的方法，具体每阶模态的变形图解及定义在此也不赘述，最终模态分析结果见表5-8。

表5-8　中心轮模态列表

模 态	固有频率/Hz	振 型	模 态	固有频率/Hz	振 型
1	10467	伞 振	26	16511	九阶对折振
2	10539	一阶对折振	27	17295	四阶圆周振
3	10540	一阶对折振	28	17299	四阶圆周振
4	10762	二阶对折振	29	17650	十阶对折振
5	10764	二阶对折振	30	17660	十阶对折振
6	11151	三阶对折振	31	18102	五阶圆周振
7	11152	三阶对折振	32	18107	五阶圆周振
8	11712	四阶对折振	33	18643	六阶圆周振
9	11714	四阶对折振	34	18652	六阶圆周振
10	12441	五阶对折振	35	18787	十一阶对折振
11	12442	五阶对折振	36	18797	十一阶对折振
12	13315	六阶对折振	37	19006	七阶圆周振
13	13318	六阶对折振	38	19011	七阶圆周振
14	14308	七阶对折振	39	19288	八阶圆周振
15	14308	七阶对折振	40	19299	八阶圆周振
16	14499	零阶圆周振	41	19564	九阶圆周振
17	14732	一阶圆周振	42	19572	九阶圆周振
18	14736	一阶圆周振	43	19850	十阶圆周振
19	15381	八阶对折振	44	19866	十阶圆周振
20	15384	八阶对折振	45	19888	十二阶对折振
21	15386	八阶对折振	46	19896	十二阶对折振
22	15388	二阶圆周振	47	20165	十一阶圆周振
23	16314	三阶圆周振	48	20175	十一阶圆周振
24	16315	三阶圆周振	49	20323	零阶圆周振
25	16506	九阶对折振	50	20365	一阶圆周振

5.4.3.3　内齿轮（47 齿）模态分析

通过有限元计算分析，47 齿的内齿轮模态很具规律性，其振型举例图解如图 5-46 所示。

可以看出，47 齿的内齿轮的振型更具规律性，变形也相对较小，振动的频率带也较窄，比普通齿轮的受激振动影响小。通过表 5-9 可以更清晰地进行观察。

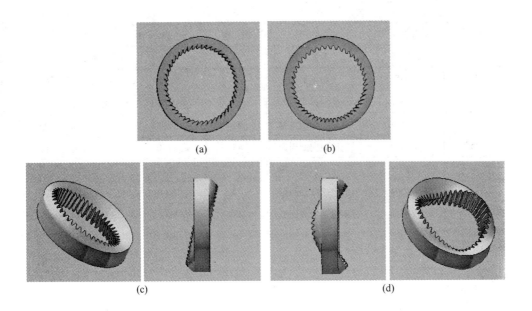

图 5-46　内齿轮振型举例

（a）零阶圆周振；（b）一阶圆周振；（c）一阶对折振；（d）二阶对折振

表 5-9　内齿轮模态列表

模　态	固有频率/Hz	振　型	模　态	固有频率/Hz	振　型
1	8465.9	零阶圆周振	16	18721	三阶圆周振
2	10786	一阶同向弯曲振	17	18739	三阶圆周振
3	10789	一阶同向弯曲振	18	18755	四阶逆向弯曲振
4	11190	伞　振	19	18759	四阶逆向弯曲振
5	11458	一阶圆周振	20	19130	四阶圆周振
6	11459	一阶圆周振	21	19133	四阶圆周振
7	12325	二阶逆向弯曲振	22	19369	五阶圆周振
8	12326	二阶逆向弯曲振	23	19391	五阶圆周振
9	14788	零阶逆向圆周振	24	19480	二阶逆向圆周振
10	15456	三阶逆向弯曲振	25	19491	二阶逆向圆周振
11	15458	三阶逆向弯曲振	26	19578	六阶圆周振
12	16409	二阶圆周振	27	19588	六阶圆周振
13	16414	二阶圆周振	28	19709	七阶圆周振
14	16941	一阶逆向圆周振	29	19743	七阶圆周振
15	16949	一阶逆向圆周振	30	19790	八阶圆周振

续表 5-9

模　态	固有频率/Hz	振　型	模　态	固有频率/Hz	振　型
31	19823	七阶圆周振	41	21404	六阶逆向圆周振
32	19853	七阶圆周振	42	21541	七阶逆向圆周振
33	19886	五阶圆周振	43	21595	七阶逆向圆周振
34	20547	三阶逆向圆周振	44	21655	八阶逆向圆周振
35	20572	三阶逆向圆周振	45	21701	八阶逆向圆周振
36	20989	五阶逆向圆周振	46	21741	八阶逆向圆周振
37	21004	五阶逆向圆周振	47	22004	五阶逆向弯曲振
38	21048	四阶逆向圆周振	48	22014	五阶逆向弯曲振
39	21081	四阶逆向圆周振	49	22018	二阶逆向弯曲振
40	21396	六阶逆向圆周振	50	22864	一阶逆向弯曲振

5.4.3.4　结果分析

对于整个三型行星齿轮流量计，其模态分析基本取决于各齿轮的振动情况，即在外界激励达到 8466 ~ 10467Hz 时，主要是 14 齿径向轮发生振动；外界激励达到 22864 ~ 25939Hz 时，主要是 19 齿中心轮发生振动；当外界激励达到 10467 ~ 22864Hz 时，三型行星齿轮流量计的振动情况最为恶劣，基本处于三齿轮同时振动状况，严重危害流量计的使用，应当避免流量计在此频率段工作。

5.4.4　小结

（1）通过利用有限元软件 COSMOSWorks 分析齿轮的模态，能够清楚地看到齿轮振动的频率、振型以及三型行星齿轮流量计的振动频率带，为流量计在使用过程中避免最恶劣工况提供了强有力的参考依据。

（2）利用有限元方法和相关有限元分析软件能有效地对物理模型进行模拟仿真，从而可以减少实验费用和减少设计时间。

（3）利用有限元分析软件 COSMOSWorks 对三型行星齿轮流量计进行了模态分析，得到了与实际情况相符合的结果，为有限元软件对其他模型分析奠定了基础。

5.5　行星齿轮流量计泄漏的流场仿真

研究的行星齿轮流量计是基于内、外啮合齿轮流量计理论和行星轮系理论，并将三者融为一体的新型液压元件。在三型行星齿轮流量计中，计有 6 个高压出油口和 6 个低压进油口，这些油口相对于中心齿轮、径向齿轮和内齿轮呈对称分布，这就消除了普通齿轮流量计径向液压力不平衡的问题，但同时出现了行星齿轮流量计泄漏比较严重的问题。为了准确地捕捉行星齿轮流量计内部的流场变化，采用计算流体动力学软件 Cosmosflow 软件对行星齿轮流量计的模型进行内部流场仿真，分析了径向间隙大小、端面间隙大小与流量泄漏的关系。

5.5.1 计算流体动力学

计算流体动力学（Computational Fluid Dynamics，简称 CFD），是流体力学、数值数学和计算机科学相结合的产物，是一门具有强大生命力的边缘学科。它以电子计算机为工具，应用各种离散化的数值计算方法，对流体力学的各类问题进行数值实验、计算机模拟和分析研究，以解决各种实际问题，并揭示新的物理现象，开拓新的研究方向。CFD 的基本思想可以归结为：把原来在时间域及空间域上连续的物理量如速度场和压力场，用一系列的有限个离散点上的变量值的集合来代替，通过一定的原则和方式建立起关于这些离散点上场变量之间关系的代数方程组，然后求解代数方程组获得场变量的近似值。CFD 可以看做是在流动基本方程（质量守恒方程、动量守恒方程、能量守恒方程）控制下对流动的数值模拟。通过这种模拟，可以得到极其复杂问题的流场内各个位置上的基本物理量（如速度、压力、温度、浓度等）的分布，以及这些物理量随时间的变化情况，确定流场中漩涡分布特性、空化特性及脱流区等[119]。

研究流体流动的方法有理论分析、实验研究和数值模拟三种。随着科学技术的进步和经济的发展，许多领域（特别是石油化工、航空等）对高性能的液压元件需求越来越迫切。如果采用传统的方法设计高性能的液压元件，需要进行试制和测量大量实验参数等工作，耗费大量的时间和资金，比如对泵、阀、管道等内部流动实验测量时，要求的实验装置复杂庞大且实验成本较高，研制周期长，因而使实验研究受到了很大的限制。显然传统设计方法已满足不了需要，必须采用现代设计理论和方法，而数值模拟以其自身的特点和独特的功能，与理论分析及实验研究一起，相辅相成，逐渐成为研究流体流动的重要手段，而且已形成一门新的学科。CFD 方法与传统的理论分析方法、实验测量方法组成了研究流体流动问题的完整体系，图 5-47 所示为表征三者之间关系的"三维"流体力学示意图。理论分析方法的优点在于所得结果具有普遍性，各种影响因素清晰可见，是指导实验研究和验证新的数值计算方法的理论基础，但是，往往要求对计算对象进行抽象和简化，才有可能得出理论解，对于非线性情况，只有少数流动才能给出解析结果。而实验测量方法所得的实验结果真实可信，它是理论分析和数值方法的基础，其重要性不容低估。然而，实验往往受到模型尺寸、流场扰动、人身安全

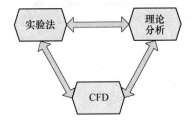

图 5-47 "三维"流体力学示意图

和测量精度的限制，有时可能很难通过实验方法得到结果。此外，实验还会遇到经费投入、人力和物力的巨大耗费及周期长等许多困难。而 CFD 方法恰好克服了前两种方法的弱点，在计算机上实现一个特定的计算，就好像在计算机上做一次物理实验，数值模拟可以形象地再现流动的情景。

与实验分析法相比，CFD 的优势[69]如下：

（1）可以更细致地分析、研究流体的流动以及物质和能量的传递等过程；

（2）可以容易地改变实验条件、参数，以获取大量在传统实验中很难得到的信息资料；

（3）整个研究、设计所花的时间大大减少；

（4）可以方便地用于那些无法实现具体测量的场合，如高温、危险的环境；

（5）根据模拟数据可以全方位地控制过程和优化设计。

研究齿轮流量计的流场问题时，先要根据实际问题简化模型，再建立模型，根据相关专业知识将问题用数学方法表达出来，然后就是如何利用 CFD 软件，对问题进行求解、分析。整个 CFD 处理过程如图 5-48 所示[120]。

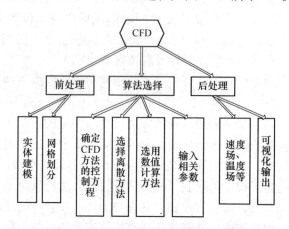

图 5-48　CFD 处理过程

利用 CFD 软件处理问题时，采用什么样的网格形式、坐标形式、网格密度及湍流模型都是需要研究者慎重考虑的。应在能保证模拟准确度、精确度的前提下，尽可能地选用简单的方法和模型。这样不仅可以简化问题，而且可以节约计算机资源，减少计算时间。随着 CFD 在工程技术中应用的推广，CFD 也逐渐软件化、商业化。这些软件能方便地处理工程技术领域内的各种高难度复杂问题，因而极具吸引力。然而 CFD 软件在液压界的应用还没有成熟，有必要在计算精度、功能的强化、计算的效率、收敛性和操作的简单化等方面做进一步的完善。CFD 商业软件中既有通用的也有作为特殊用途的专业软件，而且这些软件大多数都能在一般高性能计算机的 Unix，Linux，Windows 操作系统上运行，这为这些软件的推广使用打下了良好的基础。

CFD 技术的出现，不仅丰富了流体研究的手段，而且由于其强大的数值运算能力，可以解算用解析方法不能求解的方程，解决了某些理论流体力学无法解决的问题。计算流体力学自 20 世纪 60 年代中期开始形成并迅速发展起来，到目前为止，已广泛应用于航空、航天、核试验、自动设计、天气预报、海洋学和水利等许多工程实际中。近年来，随着高速、大容量、低价格计算机的相继出现，CFD 方法用计算机代替实验装置和"计算实验"的现实前景越来越好。CFD 方法具有初步性能预测、内部流动预测、数值实验、流动诊断等作用。比如，在设计元件时，一般的过程为设计、样机性能实验、生产。如果采用 CFD 方法通过计算机进行样机性能实验，能够很好地在图纸设计阶段预测元件的性能和内部流动产生的漩涡、气穴、二次流、边界层分离、尾流和叶片颤振等不良现象，力求将可能发生故障的隐患消灭在图纸设计阶段[69,119]。

5.5.2 Cosmosflow 软件

Cosmosflow 软件是内嵌在 Solidworks 中，用于分析流体流动和传热问题的软件。由于它完美地内嵌在 Solidworks 中，这就使建模和网格划分变得非常容易。Cosmosflow 软件主要可以应用在以下场合：可压缩与不可压缩流动问题，稳态和瞬态流动问题，无黏流、层流及湍流问题，牛顿流体及非牛顿流体问题，对流换热问题（包括自然对流和混合对流），导热与对流换热耦合问题，辐射换热问题，惯性坐标系和非惯性坐标系下的流动问题模拟，一维风扇、热交换器性能计算问题等。

5.5.3 流场仿真数学模型

5.5.3.1 基本方程

在自然界与工程实际中，层流是流体流动中较简单而又欠普遍的一种运动状态，比较普遍的是湍流，如液压系统中，液压阀内的流动多数属于湍流，阀口气穴属于多项流。直接从 N-S 方程出发对湍流场进行直接数值模拟的方法，目前还只能解决一些简单的流场，即使是世界上最先进的计算机，要足以精确地描述流场，其速度和容量还相去甚远。因此，在现阶段，湍流模式理论仍是解决工程问题的有效办法[119]。下面对湍流平均运动的基本方程、准湍流模型和动网格技术分别做详细的阐述。

A 连续性方程

$$\frac{\partial \rho}{\partial t} + \nabla(\rho \dot{v}) = S_m \tag{5-10}$$

$$\nabla(\rho \dot{v}) = \frac{\partial \rho u_x}{\partial x} + \frac{\partial \rho u_y}{\partial y} + \frac{\partial \rho u_z}{\partial z} \tag{5-11}$$

　　式（5-10）是质量守恒定律在运动流体中通常的数学表达式，对可压缩流体与不可压缩流体均适用。S_m 项是质量附加项（比如由于气穴、汽化等现象而产生）。对于不可压缩流体，流体密度 ρ 为常数，而且没有质量转移的流动，连续性方程为[69,119]：

$$\frac{\partial u_i}{\partial x_i} = 0 \tag{5-12}$$

式中，u_i 为 i 方向的瞬时速度分量。

　　Reynolds 将瞬时速度分解为平均速度与脉动速度之和，即

$$u_i = U_i + u'_i \quad (i = 1,2,3) \tag{5-13}$$

则雷诺平均运动的质量方程为：

$$\frac{\partial U_i}{\partial x_i} = 0 \tag{5-14}$$

　　B　动量方程

　　动量方程是动量守恒原理在流体运动中的表现形式，i 方向的动量方程在惯性参考系下的描述如下[69,119]：

$$\frac{\partial \rho}{\partial t} + \nabla(\rho v') = S_m$$

$$\frac{\partial}{\partial t}(\rho u_i) + \frac{\partial}{\partial x_j}(\rho u_i u_j) = -\frac{\partial p}{\partial x_i} + \frac{\partial}{\partial x_j}\mu\left(\frac{\partial u_i}{\partial x_j} + \frac{\partial u_j}{\partial x_i}\right) + \rho g_i + F_i \tag{5-15}$$

式中，p 为静态压力，MPa；ρg_i 为重力，N；F_i 为外力，N；μ 为分子黏度系数，Pa·s。

　　对于不可压缩黏性流体，忽略体积力，并将瞬时压力分解为平均值和脉动值之和，可得

$$\frac{\partial U_i}{\partial t} + U_j\frac{\partial U_i}{\partial x_j} = -\frac{1}{\rho}\frac{\partial p}{\partial x_i} + v\frac{\partial^2 U_i}{\partial x_j \partial x_j} + \frac{1}{\rho}\frac{\partial(-\rho\overline{u'_i u'_j})}{\partial x_j} \tag{5-16}$$

　　式（5-16）就是湍流平均运动的雷诺方程，$(-\rho\overline{u'_i u'_j})$ 称为雷诺应力，由式可见该项是唯一的脉动量项，所以可认为脉动量是通过雷诺应力来影响平均运动的。这也是雷诺应力在湍流中占有重要地位的原因。

　　C　标准的 k-ε 模式

　　标准的 k-ε 模式（standard k-ε model）是典型的两方程模型，包括 k 方程和 ε 方程两个微分方程，同时也是一个半经验模型。k 方程是通过严格的方程推导模拟出来的，而 ε 方程是根据量纲分析、经验和类比等办法模化得到的。在推导过程中，假设流体是完全的湍流，可以忽略分子黏性的影响，因此标准的 k-ε 模式适用于完全湍流的流动。该模型是目前应用最广泛的模型。

D 标准的 k-ε 模式的输运方程

该模型是由 Launder 和 Spalding 于 1972 年提出的。对于不可压缩的流体，标准的 k-ε 模式的湍动能 k 和湍流耗散率 ε 的输运方程分别为[69,119]：

$$\rho \frac{Dk}{Dt} = \frac{\partial}{\partial x_i}\Big[\Big(\mu + \frac{\mu_t}{\sigma_k}\Big)\frac{\partial k}{\partial x_i}\Big] + G_k - \rho\varepsilon \tag{5-17}$$

$$\rho \frac{D\varepsilon}{Dt} = \frac{\partial}{\partial x_i}\Big[\Big(\mu + \frac{\mu_t}{\sigma_\varepsilon}\Big)\frac{\partial\varepsilon}{\partial x_i}\Big] + C_{1\varepsilon}\frac{\varepsilon}{k}G_k - C_{2\varepsilon}\rho\frac{\varepsilon^2}{k} \tag{5-18}$$

式（5-17）和式（5-18）中，G_k 表示湍动能的生成项，湍动能 k 和湍流耗散率 ε 的表达式如下：

$$G_k = -\rho\,\overline{u_i'u_j'}\,\frac{\partial u_j}{\partial x_i} \tag{5-19}$$

$$k = \frac{1}{2}\overline{u_i'u_i'}, \varepsilon = v\,\overline{\frac{\partial u_i'\partial u_i'}{\partial x_j\partial x_j}} \tag{5-20}$$

E 湍流黏度

湍流黏度 μ_t 由 k 和 ε 计算如下[69]：

$$\mu_t = \rho C_\mu \frac{k^2}{\varepsilon} \tag{5-21}$$

式中，C_μ 为常数。

F 模型中的常数

模型中的经验常数 $C_{1\varepsilon}$，$C_{2\varepsilon}$，C_μ，σ_k 和 σ_ε 往往需要通过实验获得[69]。

5.5.3.2 平面缝隙流

由于齿轮流量计和其他齿轮液压元件一样，主要的泄漏是端面泄漏，因此，如何减小齿轮流量计的端面泄漏，一直是研究齿轮液压件科研人员的一个热门研究方向，本章用流场分析软件 Cosmosflow，以平面缝隙流的观点，研究齿轮流量计的端面泄漏。首先用该软件对平行平面缝隙流理论加以验证。

只要在间隙两端存在着压力差或构成间隙的运动副发生相对运动，油液便在间隙中产生流动，形成另一类层流——缝隙流。缝隙流的基础理论是平行平面缝隙流。得到平行平面的流量公式为[121]：

$$Q = B\Big(\frac{h^3}{12\mu L}\Delta p \pm \frac{u_0}{2}Bh\Big) \tag{5-22}$$

式中，Q 为通过该平面缝隙的流量，m^3/s；L，B，h 为缝隙的长、宽和高，m；Δp 为该缝隙流两端的压力差，Pa；μ 为通过该缝隙流油液的黏度，$\mathrm{Pa\cdot s}$；u_0 为上板的运动速度，m/s。

为简化模型，设 $u_0 = 0$，则式（5-22）可以简化为：

$$Q = \frac{Bh^3\Delta p}{12\mu L} \tag{5-23}$$

由于要研究的问题是 10μm 级的缝隙流问题，为了节省计算机资源，减小运算工作量，选择了一个微型的平面缝隙流模型，如图 5-49(a) 所示，图 5-49(b) 所示为该缝隙流的剖面，模型尺寸为 1×0.2×0.04，缝隙的基本尺寸为 1×0.1×0.02，为了进行流场有限元仿真，在该缝隙模型的两端，加了盖板。在 Solid-Works 中按以上尺寸建好模型以后，加载上 Cosmosflow 流场仿真有限元插件，对平面缝隙流模型进行有限元分析。

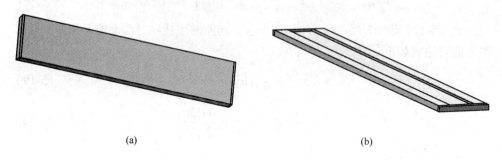

(a)　　　　　　　　　　　　　　　　　　(b)

图 5-49　平面缝隙流模型
(a) 实体模型；(b) 剖面图

在对该有限元软件举行必要的设置后，开始设置初始参数，见表 5-10，以改变液压油的黏度为例，油液的黏度分别有 15，22，32，46，68，100 和 150 抗磨液压油，查出它们的黏度值（见表 5-10），把以上各种黏度的材料，添加到有限元分析软件的材料库中，在保持其他条件不变的情况下，通过改变液压油的黏度，观察对应的流量值。由于齿轮流量计的压差只有 0.1MPa，所以在进行有限元分析的时候，要经过反复的试算，才能得压差为 0.1MPa 的一个仿真值，然后换第二种油液，重新分析，分析出有效的有限元结果后，再继续更换下一个黏度的油液继续分析，最后，将结果填入表 5-10。在完成流量随油液黏度变化的有限元分析后，再做其他各种有限元分析，仿真结束后，仿真结果逐一填入表 5-10。然后根据表 5-10，绘出 Q-B，Q-Δp，Q-L，Q-η，Q-p_{in} 和 Q-h 等曲线，如图 5-50 ~ 图 5-55 所示。由以上有限元分析结果图可知，利用该有限元分析软件分析的结果和缝隙流理论一致。故可以考虑用该有限元分析软件分析行星齿轮齿轮流量计的端面泄漏问题。

表 5-10　平面缝隙流仿真初始条件及结果

初始条件：$L=1$mm，$p_0=10$MPa，$\Delta p=9$MPa，$\eta=0.02784$Pa·s，$h=0.020$mm			初始条件：$L=1$mm，$p_0=10$MPa，$B=0.1$mm，$\eta=0.02784$Pa·s，$h=0.02$mm		
B/mm	Q/L·min^{-1}	Q/mL·min^{-1}	压力差 Δp/MPa	Q/L·min^{-1}	Q/mL·min^{-1}
0.06	0.000787	0.787	0.1	0.00001556	0.01556
0.08	0.001118	1.118	1	0.000158	0.158
0.1	0.001406	1.406	3	0.000472	0.472

续表 5-10

初始条件: $L=1mm$, $p_0=10MPa$, $\Delta p=9MPa$, $\eta=0.02784Pa \cdot s$, $h=0.020mm$			初始条件: $B=0.1mm$, $\eta=0.02784Pa \cdot s$, $h=0.02mm$		
B/mm	$Q/L \cdot min^{-1}$	$Q/mL \cdot min^{-1}$	压力差 $\Delta p/MPa$	$Q/L \cdot min^{-1}$	$Q/mL \cdot min^{-1}$
0.12	0.001735	1.735	5	0.000783	0.783
0.14	0.001985	1.985	7	0.0011	1.1
0.16	0.00231	2.31	9	0.001406	1.406

初始条件: $B=0.1mm$, $p_0=10MPa$, $\Delta p=9MPa$, $\eta=0.02784Pa \cdot s$, $h=0.020mm$			初始条件: $L=1mm$, $p_0=10MPa$, $B=0.1mm$, $\Delta p=9MPa$, $h=0.02mm$			
L/mm	$Q/L \cdot min^{-1}$	$Q/mL \cdot min^{-1}$	油液号	黏度 $\eta/Pa \cdot s$	$Q/L \cdot min^{-1}$	$Q/mL \cdot min^{-1}$
0.4	0.00358	3.58	15	0.01296	0.00294	2.94
0.6	0.00238	2.38	22	0.019096	0.0023	2.3
0.8	0.001762	1.762	32	0.02784	0.001406	1.406
1	0.001406	1.406	46	0.040112	0.00098	0.98
1.2	0.001136	1.136	68	0.059568	0.000665	0.665
1.4	0.000974	0.974	100	0.0878	0.00045	0.45
1.6	0.00085	0.85	150	0.13185	0.0003	0.3

初始条件: $L=1mm$, $B=0.1mm$, $\Delta p=9MPa$, $\eta=0.02784Pa \cdot s$, $h=0.020mm$			初始条件: $L=1mm$, $p_0=10MPa$, $B=0.1mm$, $\eta=0.02784Pa \cdot s$, $\Delta p=9MPa$		
初始压力/MPa	$Q/L \cdot min^{-1}$	$Q/mL \cdot min^{-1}$	h/mm	$Q/L \cdot min^{-1}$	$Q/mL \cdot min^{-1}$
1	0.001406	1.406	0.015	0.0005958	0.5958
5	0.001406	1.406	0.0175	0.0009378	0.9378
10	0.001406	1.406	0.02	0.001406	1.406
15	0.001406	1.406	0.0225	0.00201	2.01
20	0.001406	1.406	0.025	0.002743	2.743

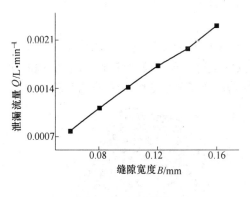

图 5-50 $Q\text{-}B$ 曲线

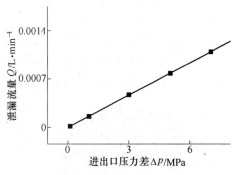

图 5-51 $Q\text{-}\Delta p$ 曲线

5.5.3.3 端面泄漏模型简化及分析

A 建立径向泄漏模型

行星齿轮流量计泄漏的流场分析分为两部分来做: 一是进行流场分析前的准

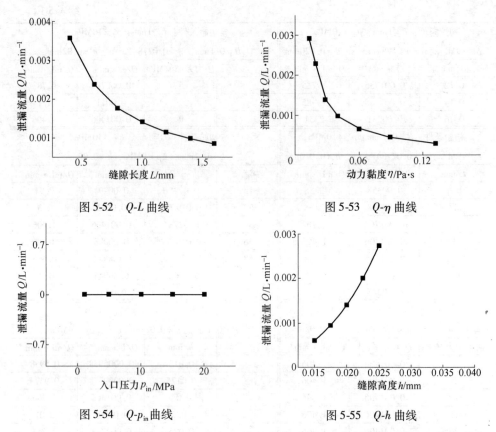

图 5-52   Q-L 曲线   图 5-53   Q-η 曲线

图 5-54   Q-p_{in} 曲线   图 5-55   Q-h 曲线

备阶段，包括确定和简化模型，确定网格的划分方法，确定每次有限元分析所允许的运行时间，确定精度等；二是实际运行阶段，主要是通过调节初始参数，找到所需要的结果。

　　建立端面泄漏模型，由于直接对三型行星齿轮流量计进行流场分析时，要保持一定的精度，网格节点数太大，计算机无法运行，现将模型进行简化，取端面间隙大小为 16μm，简化的实体模型及内部结构示意图分别如图 5-56 及图 5-57 所示。

图 5-56   行星齿轮流量计简化实体模型   图 5-57   行星齿轮流量计简化实体模型内部结构

B　流场分析

在划分网格时采用手动划分，首先将基础网在 z 方向的网格设为40，x，y 方向的网格设为10，然后设实体和流体单元的基本精度为3级精度，并设流体细化网格精度为2，打开小间隙设置菜单，设为20，精度等级为2，流体网格数为94581，实体网格数为188225，运行时间约为13.5h。其他仿真参数设置为：进口流量为0.2125L/min，出口压力为10MPa。忽略齿轮旋转对泄漏的影响，设置好所需的仿真输出结果。这里由于是流量计，进出油口的压力差只有0.128MPa，因此，需要反复改变进口流量的值，才能最终找到所需的进口流量的值，即为泄漏流量。在这里选用46号抗磨液压油。

C　分析结果

仿真结果总结后见表5-11，当进、出油口压力差为0.128MPa时，泄漏流量约为0.2125L/min。由此可以看出，由于流量计的进、出油口压差非常小，其内部泄漏量不大。

表5-11　流量计端面泄漏仿真初始条件及结果

给定流量 Q/L·min^{-1}	0.2125	0.25	0.375	0.5	2
压力差有限元分析结果/MPa	0.12845	0.128776	0.1442	0.1811	5.43

5.5.3.4　径向泄漏模型简化及分析

A　建立径向泄漏模型

重新建立径向泄漏简化后的实体模型，取径向间隙大小为16μm。

B　流场分析

在划分网格时采用手动划分，首先将基础网在 z 方向的网格设为40，x，y 方向的网格设为10，然后设实体和流体单元的基本精度为3级精度，并设流体细化网格精度为2，打开小间隙设置菜单，设为20，精度等级为2，流体网格数为75318，实体网格数为96510，运行时间约为6h。其他仿真参数设置为：进口流量为0.15L/min，出口压力为10MPa。忽略齿轮旋转对泄漏的影响，设置好所需的仿真输出结果。这里由于是流量计，进出油口的压力差只有0.1MPa，因此，需要反复改变进口流量的值，才能最终找到所需的进口流量的值，即为泄漏流量。在这里选用46号抗磨液压油。

C　分析结果

仿真结果总结后见表5-12，当进、出油口压力差为0.1MPa时，泄漏流量约为0.15L/min。由此可以看出，由于流量计的进、出油口压差非常小，其内部径向泄漏量不大。

表5-12　流量计径向泄漏仿真初始条件及结果

给定流量 Q/L·min^{-1}	0.1	0.15	0.3	0.8	2
压力差有限元分析结果/MPa	0.043	0.0977	0.35	2.372	14.15

5.6　基于 AMESim 液压系统旁路法数值模拟实验

　　LMS Imagine. Lab AMESim 是一款多学科领域复杂系统建模与仿真平台，采用基于物理模型的图形化建模方式。当前，AMESim 已成功应用于航空航天、船舶、车辆、工程机械等诸多学科领域中，为流体、机械、热分析、电气、电磁以及控制等复杂系统建模及仿真提供了良好的平台。

　　为使齿轮流量计应用于液压系统的高压侧，就必须要降低其对系统所产生的流量脉动和压力脉动，降低因串入的流量计而对系统产生的影响；同时尽可能地提高齿轮转动灵活性，从而提高流量计对瞬态流量变化的敏感性。液压系统高压侧通常是各个负载元件高压油的供给主管道，因为负载运动速度等要求的不同，高压主管道内油液流量的变化量程范围也是比较的大的，而由于齿轮流量计测量量程宽等优点，所以能满足此工况要求。但是如果要能满足大量程的要求，又必然要增大齿轮流量计的排量和尺寸，这会使得流量计显得大而笨重，又会降低其测量的灵敏性，增加对动态流量信号不敏感等缺点，同时由于将流量计的直接串入，对主系统的流量等因素影响会较大，所以本书提出了用测量支侧管流量来代替直接测量系统主管道流量的方法来弥补以上所述的不足，测量原理如图 5-58 所示。

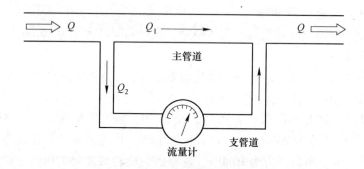

图 5-58　旁路法流量测量原理示意图

　　如图 5-58 所示，在主管道上并联一段管径相对较小的支管段，将主管道的一部分液压油引入到支管中，通过测量支管中的流量信号来推测主管中的流量信号，这便是本书旁路法流量测量的思路。通过降低支侧管路的管径，可以使得主管中只有很小的一部分油液流过支侧管路，这样不仅可以大大降低齿轮流量计的尺寸，还可以大大降低因流量计的串入而对系统产生的不可预测的影响；另外，在满足支侧管路流量测量的要求下，流量计可以做到小型化或微型化，甚至可以更换转动部件的材料为轻质材料，这对提高流量计的动态特性具有很大的帮助。

　　本节致力于利用 AMESim 仿真软件来研究主管道与支管道中的流量分配关

系，以及主、支管路中流量动态信号之间的相互耦合关系。

5.6.1 旁路法测量装置

为了搭建旁路法测量装置系统图，本书设计出了一种阀块，其工作原理三维图如图 5-59 所示，其三维图如图 5-60 所示。

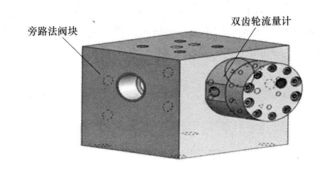

图 5-59 旁路法测量原理三维图

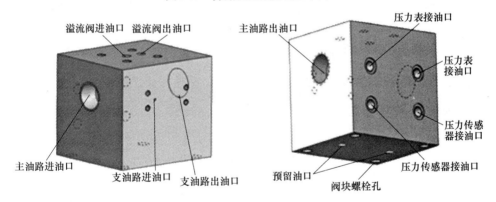

图 5-60 旁路法测量阀块三维图

如图 5-60 所示，阀块主油路直径设计为 30mm，支油路直径设计为 3mm，液压油流经进油口后，一路从阀块上端进入溢流阀口，一路从支路流进两齿轮流量计，最后汇聚为一路从出油口流出，可通过测量支路的流量来分析系统主油路的流量情况。该测量装置的相关元件型号见表 5-13。

表 5-13 旁路法测量装置元件型号

元　　件	型　　号
溢流阀	DBE-5X/G24
压力传感器	KELLER21R 系列
压力表	YN-63

5.6.2　旁路法系统中主油路和支油路平均流量分配关系

　　基于 AMESim 搭建的旁路法系统图如图 5-61 所示，在系统主油路安装溢流阀，用来调节主油路的压力差，同时在支油路中串入一个单向阀代替流量计，使其两端的压力差和流量计两端的压力差相同。主油路和支油路的管径和长度分别和阀块真实的直径长度相同，设定 2，3，4，5，6，7，8 的管路长度分别为 40mm，40mm，45mm，70mm，20mm，20mm，70mm，2，3，4 的管径为 30mm，5，6，7，8 的管径为 3mm，其他系统元件参数见表 5-14。

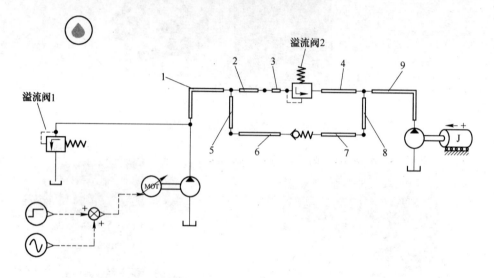

图 5-61　旁路法测量仿真系统模型图

表 5-14　仿真系统元件参数

元　件	参　数　名	参　数　值
主　泵	排量/mL · r^{-1}	100
	最大转速/r · min^{-1}	1500
溢流阀1	溢流压力/MPa	320
液压马达	排量/mL · r^{-1}	100
单向阀	设定压力/MPa	0.1
转动负载	转动惯量/kg · m^2	1
主管道	直径（内径）/mm	30
	长度/m	1（管1，9）
	壁厚/mm	10

5.6.2.1　旁路法系统中溢流阀对主、支油路平均流量分配关系的影响

系统单位时间的流量值等于管道的横截面积乘上液压油的流速。图 5-61 所示系统模型中，主油路管道横截面积和支油路管道横截面积比值为 100∶1，为了使支油路的流量值更好地反应主油路流量，通过改变溢流阀 2 的溢流压力来改变主油路和支油路的流动速度，使主油路流速和支油路流速比值为 1∶10，这样支油路的流量正好是主油路流量的 1/10。设定阶跃信号源的前后值为 1100，正弦信号源的幅值为 0，这样使系统的流量维持为 110L/min，转动负载的黏性摩擦系数设定为 0.27，控制系统压力为 20MPa 左右，测得主油路和支油路的流量值和流速值如图 5-62、图 5-63 和表 5-15 所示。

表 5-15　溢流阀压力不同时主油路和支油路的流速流量值

溢流阀压力 /MPa	主油路流速 /L·min⁻¹	支油路流速 /L·min⁻¹	主油路流量 /L·min⁻¹	支油路流量 /L·min⁻¹	主油路支油路 流量比值
0.1	2.59	0.68	109.7	0.29	378.3
0.4	2.49	10.0	105.7	4.30	24.6
0.6	2.43	17.0	103.0	7.20	14.3
0.8	2.36	23.6	100.0	10.00	10
1.0	2.29	30.0	97.0	12.80	7.6
1.2	2.23	37.0	94.2	15.70	6

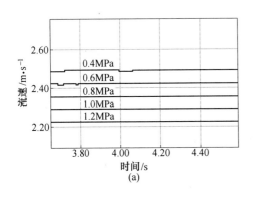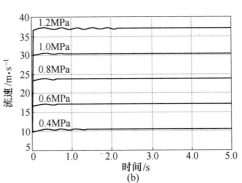

图 5-62　主油路和支油路的流速值

（a）主油路流速值；（b）支油路流速值

从表 5-16 中的数据可以看出，在其他参数值固定的情况下，溢流阀的溢流压力设定越大时，主油路中的流量越小，支油路中的流量越大，主油路和支油路的流量比值就越小。当溢流阀压力设定为 0.797MPa 时，主油路与支油路的流量比值正好为 10∶1。

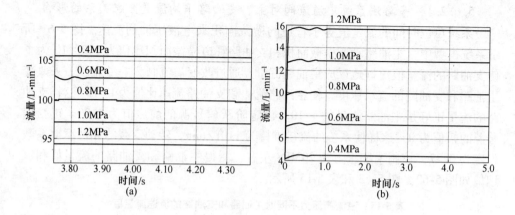

图 5-63　主油路和支油路的流量值

（a）主油路流量值；（b）支油路流量值

表 5-16　不同频率时主油路和支油路流量对应值

频率/Hz	主油路平均流量/L·min⁻¹	支油路平均流量/L·min⁻¹
2	100	10.05
4	100	10.05
6	100	10.05
8	100	10.05
10	100	10.05

　　保持阶跃信号源的前后值不变，溢流阀压力设定为 0.797MPa，正弦信号源的幅值设定为 50，使系统管道 1 中的流量脉动幅值为 ±5L/min，分别设定正弦信号频率为 2Hz，4Hz，6Hz，8Hz，10Hz，通过改变正弦信号的频率来研究此时系统的动态信号下的平均流量值变化。

　　这里只列出频率为 8Hz 的主油路和支油路图（如图 5-64 所示），其他频率下

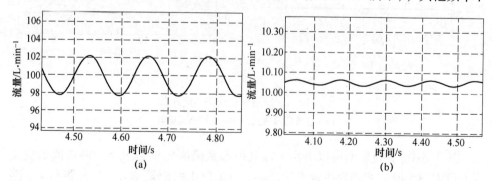

图 5-64　频率 8Hz 下主油路和支油路流量对应图

（a）主油路；（b）支油路

主油路和支油路平均流量值见表 5-16，可以看出在该状态下系统主油路和支油路的平均流量比值为 10∶1。

所以在系统压力为 20MPa 的状态下，设定溢流阀压力为 0.797MPa，此时系统主油路和支油路的平均流量比值为 10∶1，便于实验时观测研究。

5.6.2.2 旁路法中液压油温度黏度变化对流量测量精度的影响

液压系统中，随着各液压元件运行时间的变长，油液温度会逐渐升高，而液压油的黏度随温度升高（降低）而变小（大）的特性称为黏温特性。一般而言，对中低压传动系统，温度和压力对黏度的影响可不计，但对于高压系统，尤其是润滑问题，必须考虑温度对黏度的影响。为研究液压油温度和黏度变化对流量测量精度的影响，设定系统流量值为 110L/min，溢流阀压力为 0.797MPa，系统压力为 25MPa，分别测试液压油温度为 35℃，40℃，45℃，50℃，55℃时主油路和支油路流量值的变化。

从图 5-65 中可以看出，温度从 35℃变化到 55℃时，支油路和主油路流量变化都很小，几乎可以忽略，因此可以确定，温度黏度的变化对旁路法测量影响不大。

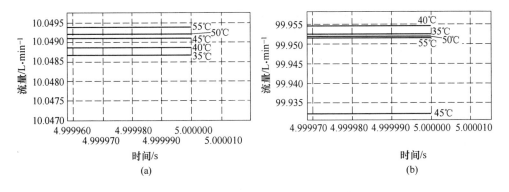

图 5-65 温度变化时的支油路和主油路流量值对应图

（a）支油路；（b）主油路

5.6.2.3 旁路法中系统压力对油路平均流量分配关系的影响

为了研究旁路法中系统压力对主油路和支油路流量分配关系的影响，改变转动负载的黏性摩擦系数，分别设定转动负载黏性摩擦系数为 0.12，0.16，0.2，0.24，0.28，0.32，0.36，观察在此压力变化下系统主油路和支油路的流量分配关系。

从图 5-66、图 5-67 和表 5-17 中可以看出，增大转动负载黏性摩擦系数，系统的压力值会随之升高，此时系统主油路的流量值略有减小，而支油路的流量值会随着压力的增大而稍微增加，主油路和支油路流量比值逐渐减小，系统压力值从 9MPa 增大到 25.2MPa，支油路流量增幅不足 0.1L/min，主油路和支油路流量比值减幅不足 0.11，说明系统主油路和支油路流量分配关系受系统压力变化的影响很小。

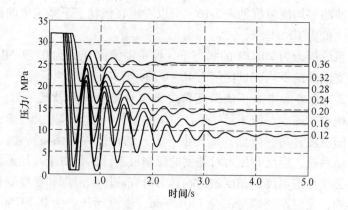

图 5-66　不同负载黏性摩擦系数时的系统压力图

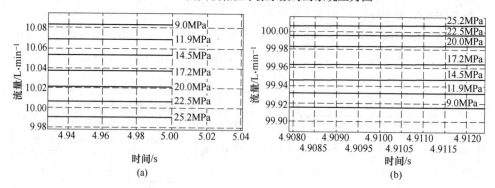

图 5-67　支油路、主油路对应的流量图

（a）支油路；（b）主油路

表 5-17　系统压力与主油路流量和支油路流量的对应关系

负载黏性摩擦系数	系统压力/MPa	主油路流量值 /L·min^{-1}	支油路流量值 /L·min^{-1}	主油路支油路 流量比值
0.12	9.0	100.05	9.99	10.02
0.16	11.9	100.01	10.01	9.99
0.2	14.5	99.98	10.02	9.98
0.24	17.2	99.96	10.04	9.96
0.28	20.0	99.95	10.05	9.95
0.32	22.5	99.93	10.07	9.92
0.36	25.2	99.92	10.08	9.91

5.6.2.4　旁路法中系统流量变化对油路平均流量分配关系的影响

为了研究旁路法中系统流量变化对主油路和支油路流量分配关系的影响，

设定溢流阀压力为 0.797MPa, 改变阶跃信号源的值, 分别设定阶跃信号源前后值为 700, 800, 900, 1000, 1100, 即系统流量值为 70L/min, 80L/min, 90L/min, 100L/min, 110L/min, 观察在此流量变化下系统主油路和支油路流量分配关系。

由于图形较多, 这里只列出系统流量为 70L/min 时的主油路和支油路流量对应图 (如图 5-68 所示), 其他图形不一一列出, 为便于研究流量变化对主油路和支油路流量分配关系的影响, 将每个流量点下的主油路流量值和支油路流量值列入表格中一一对应, 见表 5-18, 从表 5-18 中可以看出, 当系统流量增大时, 主油路流量增大明显, 系统流量增大的主要部分几乎全部经主油路流出, 经支油路流过的非常少, 从主油路和支油路流量增幅趋势看, 系统流量越大, 主油路流量增量略有减少, 支油路流量增量略有增大。

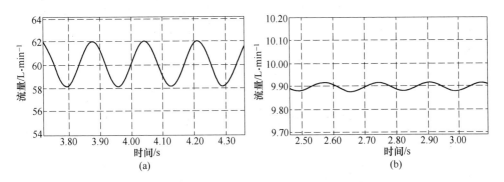

图 5-68 系统流量为 70L/min 时主油路和支油路流量对应图
(a) 主油路; (b) 支油路

表 5-18 系统流量不同时主油路和支油路的流量值对应表

系统流量/L·min⁻¹	主油路流量/L·min⁻¹	支油路流量/L·min⁻¹	主油路支油路流量比值
70	60.1	9.9	6.07
80	70.06	9.94	7.05
90	80.03	9.97	8.03
100	89.98	10.02	8.98
110	99.95	10.05	9.95

仔细查看表 5-18 中系统流量和支油路流量项发现, 它们几乎成线性比例, 为找出它们之间的定量关系, 这里拟采用 MATLAB 中的最小二乘法曲线拟合功能来寻找系统流量和主油路、支油路流量比值之间的关系。

将标定的五个流量点在图中用直线相连, 然后用单项式来拟合给定曲线, 拟合结果曲线图如图 5-69 所示, 程序如下:

```
clear
x = [70, 80, 90, 100, 110];
y = [9.9, 9.94, 9.97, 10.02, 10.05];
p = polyfit (x, y, 1)
p = 0.0038    9.6340
x = 70:10:110;
y = [9.9, 9.94, 9.97, 10.02, 10.05];
y1 = polyval (p, x)
y1 = 9.9000    9.9380    9.9760    10.0140    10.0520
plot(x,y,':o',x,y1,'- * ')
```

图 5-69 中 x 轴表示系统流量，y 轴表示支油路流量。从图 5-69 中可以看出，单项式拟合曲线基本吻合原曲线，在实际应用中，并不是阶次越高越好，只要能满足精度要求，低阶次的拟合曲线也能运用于实际应用中。

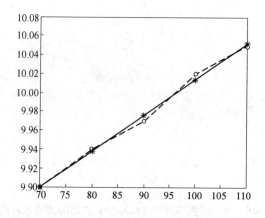

图 5-69　拟合曲线和原曲线比较

单项式的拟合系数为：

$$0.38 \quad 9.634$$

对应的拟合单项式为：

$$y = 0.0038x + 9.634$$

$$z = x - y$$

式中，x 表示系统流量；y 表示支油路流量；z 表示主油路流量。因此，此时只要知道支油路流量，便能确定系统流量和主油路流量的大小。

5.6.2.5　旁路法中主、支油路流量比值为 10∶1 时系统流量与溢流阀压力间的关系

通过以上研究，可以确定，对旁路法流量测量影响因素最大的是系统流量值

和溢流阀压力值，系统压力的影响相对较小，实际应用当中，我们希望随时能通过调定溢流阀压力值来使主油路和支油路的流量值比为 10：1，因此现在研究旁路法中主、支油路流量比值为 10：1 时系统流量与溢流阀压力间的关系，设置系统流量值为 80L/min，90L/min，100L/min，110L/min，120L/min，通过仿真找出此时的溢流阀压力值，所得参数见表 5-19。图 5-70 所示为系统流量值为 80L/min、溢流阀压力为 0.61MPa 时支油路和主油路的流量值对应图，其他流量值的对应图就不一一列举。

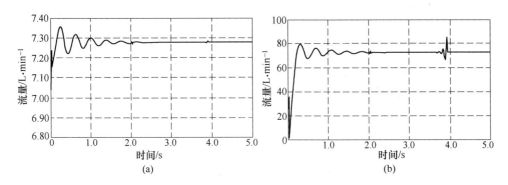

图 5-70　系统流量值为 80L/min、溢流阀压力为 0.61MPa 时支油路和主油路的流量值

（a）支油路；（b）主油路

仔细查看表 5-19 中系统流量值和溢流阀压力值发现，每当系统流量值增加 10L/min 时，溢流阀压力增大约为 0.06MPa，为找出它们之间的定量关系，这里拟采用 MATLAB 中的最小二乘法曲线拟合功能来寻找系统流量值和溢流阀压力值之间的关系。

表5-19　主、支油路流量比值为 10：1 时系统流量与溢流阀压力间的关系

系统流量值/L·min^{-1}	主油路流量值/L·min^{-1}	支油路流量值/L·min^{-1}	溢流阀压力/MPa
80	72.73	7.27	0.61
90	81.82	8.18	0.67
100	90.91	9.09	0.73
110	100.00	10.00	0.79
120	109.09	10.91	0.85

将标定的五个流量点在图中用直线相连，然后用单项式来拟合给定曲线，拟合结果曲线图如图 5-71 所示，程序如下：

```
clear
x = [80, 90, 100, 110, 120];
y = [0.61, 0.67, 0.73, 0.79, 0.85];
p = polyfit (x, y, 1)
p = 0.0060      0.1300
x = 80：10：120;
y = [0.61, 0.67, 0.73, 0.79, 0.85];
y1 = polyval (p, x)
y1 = 0.6100      0.6700      0.7300   0.7900   0.8500
plot(x,y,':o',x,y1,'-*')
```

图 5-71 中 x 轴表示系统流量，y 轴表示溢流阀压力值。从图 5-71 中可以看出，单项式拟合曲线非常吻合原曲线。

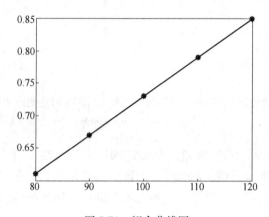

图 5-71　拟合曲线图

对应的拟合单项式为：

$$y = 0.006x + 0.13$$

式中，x 表示系统流量；y 表示溢流阀压力值。因此，此时只要知道系统流量值，便能通过调定溢流阀压力的大小使得主油路和支油路流量比值为 10：1。

5.6.3　旁路法原理中系统流量的动态流量测量

目前，高压系统的动态流量测量仍是液压测试中的难点。因为高压系统流量测量范围宽（特别是一些无级调速场合），压力大，而且需要流量计本身所产生的流量和压力脉动小，否则将会引起系统的强烈震动，同时需要测量元件能够有很好的动态响应特性，以便能够及时反映出系统内其他液压元件的工作特性，对监控和维护高压液压系统具有很重要的意义[7]。因此，本书针对旁路法测量原理中利用支路动态流量来反求主油路动态流量和系统动态流量做理论研究。

5.6.3.1　旁路法中动态流量频率对系统动态流量幅值的影响

设定阶跃信号前后值为 1100，正弦信号源的幅值设定为 50，频率分别为 2Hz，4Hz，6Hz，8Hz，10Hz，这样控制系统流量为 110L/min，研究此状态下系统、主油路、支油路间瞬时动态流量关系。

这里只列出 6Hz 下系统流量、主油路流量、支油路流量图（如图 5-72 所示），其他频率的流量值见表 5-20。从表 5-20 中可以看出，频率为 2Hz 时主油路流量幅值远大于频率为 4Hz，6Hz，8Hz，10Hz 下的主油路流量幅值，此时的支油路流量幅值也比 4Hz，6Hz，8Hz，10Hz 下的支油路流量幅值大，频率为 4Hz 时主油路流量幅值降到 ±1L/min，支油路流量幅值也有所降低，频率为 6Hz，8Hz，10Hz 时主油路流量幅值比 4Hz 有所增加，而且此状态下主油路流量幅值相同，支油路流量幅值比 4Hz 时又有所降低，纵观五组数据中主油路流量幅值没有明显规律性，支油路流量幅值呈递减趋势。这些说明频率变化时，系统主油路和支油路的流量幅值都会有影响，但动态流量幅值变化没有规律性，此外，系统流量、主油路流量和支油路流量三者的频率跟随性也有一些差异。

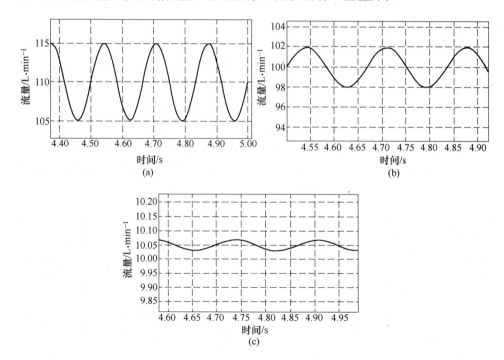

图 5-72　6Hz 下系统流量、主油路流量、支油路流量放大图

（a）6Hz 时系统流量放大图；（b）6Hz 时主油路流量放大图；（c）6Hz 时支油路流量放大图

表5-20　不同频率时各油路流量幅值对应值

频率/Hz	系统流量幅值/L·min⁻¹	主油路流量幅值/L·min⁻¹	支油路流量幅值/L·min⁻¹
2	±5	±8	±0.06
4	±5	±1	±0.05
6	±5	±2	±0.02
8	±5	±2	±0.02
10	±5	±2	±0.01

5.6.3.2　旁路法中动态流量大小对系统动态流量幅值的影响

为了研究旁路法中系统动态流量大小变化对系统动态流量幅值变化的影响，改变阶跃信号源的值、正弦信号源的幅值，使流量动态值的大小为平均流量的10%，阶跃信号源前后值分别为800，900，1000，1100，1200，即系统流量值为80L/min，90L/min，100L/min，110L/min，120L/min，动态信号源频率为6Hz，调节溢流阀，使主油路流量值和支油路流量值比值为10∶1，观察在此流量变化下，系统流量幅值、主油路流量幅值和支油路流量幅值三者之间的变化。

这里只列出系统流量值为120L/min时主油路、支油路流量值图形，从图5-73和表5-21中可以看出，系统流量为80L/min时，主油路流量幅值为±3.15L/min，支油路流量幅值为±0.024L/min，系统流量为90L/min，100L/min，110L/min，120L/min时，主油路流量幅值分别为±3.55L/min，±3.90L/min，±4.30L/min，±4.70L/min，支油路流量幅值则为±0.028L/min，±0.035L/min，±0.040L/min，±0.050L/min，纵观五组数据中主油路流量幅值呈递增趋势，并且系统流量值每增加10L/min时，主油路流量幅值增加约为±0.4L/min，支油路流量幅值也随着系统流量幅值增大而增大，但是没有明显的规律性。这些说明系统动态流量幅值变化时，系统主油路和支油路的流量幅值都会有影响，但变化没有明显规律，此外，系统流量、主油路流量和支油路流量三者的频率跟随

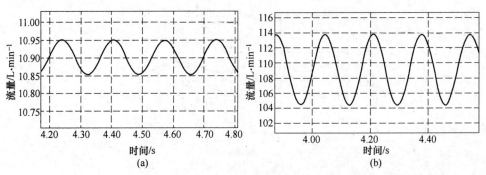

图5-73　系统流量为120L/min时支油路、主油路流量值对应图
(a) 支油路；(b) 主油路

性也有一些差异。

表 5-21　动态流量大小对系统动态流量幅值的影响

系统流量/L·min^{-1}	系统流量幅值/L·min^{-1}	主油路流量幅值/L·min^{-1}	支油路流量幅值/L·min^{-1}
80	±8	±3.15	±0.024
90	±9	±3.55	±0.028
100	±10	±3.90	±0.035
110	±11	±4.30	±0.040
120	±12	±4.70	±0.050

5.6.3.3　旁路法中流量动态特性测量研究

设定阶跃信号前后值为 1100，正弦信号源的幅值设定为 50，频率分别为 2Hz，4Hz，6Hz，8Hz，10Hz，控制系统流量为 110L/min，研究此状态下流量动态特性。

这里只列出了流量频率为 2Hz 时的系统动态流量对应图，其他频率下的参数见表 5-22。从图 5-74 和表 5-22 中可以看出，旁路法流量测量中，AME 数值模拟下系统动态流量频率和主油路、支油路动态流量频率都是一一对应的，这说明理论上采用旁路法测量系统动态流量特性是可行的。

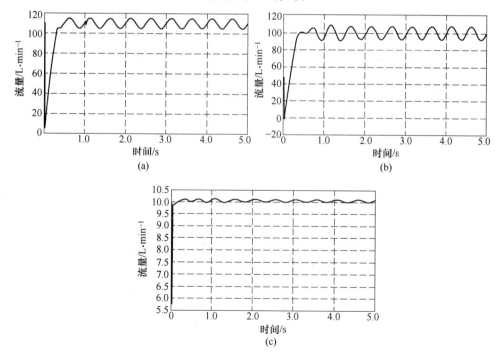

图 5-74　2Hz 时系统动态流量值对应图

（a）2Hz 时系统流量值对应图；（b）2Hz 时主油路流量值对应图；（c）2Hz 时支油路流量值对应图

表 5-22　各油路流量频率动态特性值对应表　　　　　　　　　（Hz）

系统流量值频率	主油路流量值频率	支油路流量值频率
2	2	2
4	4	4
6	6	6
8	8	8
10	10	10

5.6.3.4　旁路法中压力动态特性测量研究

设定阶跃信号前后值为 1100，正弦信号源的幅值设定为 50，频率分别为 2Hz，4Hz，6Hz，8Hz，10Hz，控制系统流量为 110L/min，研究此状态下压力动态特性。

这里只列出了流量频率为 2Hz 时的系统动态压力对应图，其他频率下的参数见表 5-23。从图 5-75 和表 5-23 中可以看出，旁路法流量测量中，AME 数值模拟下系统动态压力频率和主油路、支油路动态压力频率都是一一对应的，这说明理论上采用旁路法测量系统动态压力特性也是可行的。

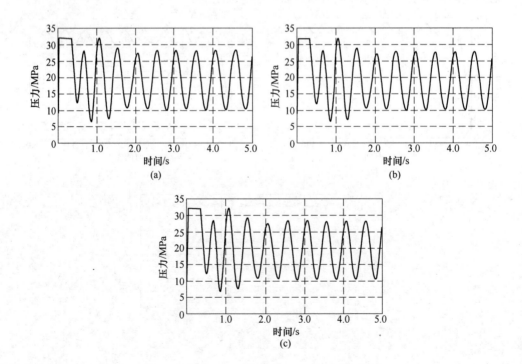

图 5-75　2Hz 时系统动态压力值对应图

（a）2Hz 时主油路压力值对应图；（b）2Hz 时支油路压力值对应图；（c）2Hz 时系统油路压力值对应图

表 5-23　　各油路压力频率动态特性值对应表　　　　　（Hz）

系统压力值频率	主油路压力值频率	支油路压力值频率
2	2	2
4	4	4
6	6	6
8	8	8
10	10	10

6　齿轮流量计的结构设计

6.1　齿轮流量计的结构和特点

直齿圆柱齿轮流量计（两齿）的结构原理图如图 6-1 所示。

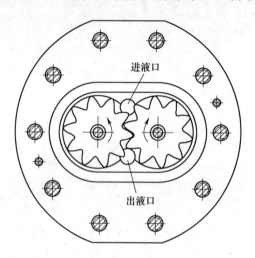

图 6-1　直齿圆柱齿轮流量计（两齿）结构原理图

　　直齿圆柱齿轮流量计（两齿）的运动部件由一对相互啮合的圆柱直齿轮组合而成，通过轮齿的齿廓与壳体内腔圆柱壁面以及前后端盖面围成的封闭空间而形成计量容腔，当齿轮的转向如图 6-1 所示时，流量计的进、出油口的位置也分别如图 6-1 所标示。选择适当的齿轮材料或是在轮齿上布置铁磁性物质，当齿轮转动时，通过齿轮转速传感器便可测量齿轮的转速，进而获得流体的流量信号。直齿圆柱齿轮流量计装配体结构如图 6-2 所示。

6.2　两齿轮流量计的结构参数设计

6.2.1　两齿轮流量计的几何排量和流量

　　对于由一对模数相等的齿轮组成的直齿圆柱齿轮流量计，其旋转一周所排出的液体体积等于两齿轮轮齿体积之和。对于标准齿轮而言，轮齿体积与齿谷容积是相同的。这样，齿轮流量计的几何排量等于一个齿轮的轮齿体积和齿谷容积之

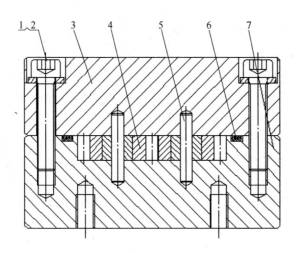

图 6-2　直齿圆柱齿轮流量计装配体结构

1—连接螺钉；2—平垫圈；3—上壳体；4—齿轮组件；5—光轴；6—O形密封圈；7—下壳体

和。因此，直齿圆柱齿轮流量计的几何排量 $q_{BV}(\text{mL/r})$ 等于以齿顶圆为外径、$(z-2)m$ 的圆为内径、齿轮宽度 B 为高的圆筒体积，即

$$q_{BV} = \frac{\pi}{4}\{[(z+2)m]^2 - [(z-2)m]^2\}B = 2\pi m^2 zB \qquad (6\text{-}1)$$

式中，m 为齿轮模数，cm；z 为齿轮齿数；B 为齿轮齿宽，cm。

则齿轮流量计的平均理论流量 Q 为：

$$Q = nq_{BV} = 2\pi z m^2 Bn \times 10^{-3} \qquad (6\text{-}2)$$

式中，n 为齿轮流量计转速，r/min；Q 为平均理论流量，L/min。

在几何排量一定条件下，减小齿数 z 和增大模数 m 是减小几何尺寸（体积）的有效方法，参照齿轮泵的选取原则，齿数通常取 $z = 8 \sim 14$，这要采用修正齿轮，并且只能采用正移距修正方式。这样按式（6-1）计算的几何排量误差较大，可修正如下：

$$q_{BV} = 2\pi k m^2 zB \qquad (6\text{-}3)$$

式中，k 为修正系数，$k = 1.06 \sim 1.15$，z 小时取大值，z 大时取小值。

6.2.2　齿轮参数的选取

本书设计直齿圆柱齿轮流量计（两齿）的理论流量范围为 $0 \sim 10\text{L/min}$，最高转速为 4000r/min。

由 $Q = nq_{BV} = 2\pi kzm^2 Bn$，可得

$$q_{BV} = \frac{Q}{n} = \frac{10}{4000} \times 10^3 = 2.5 \text{mL/r}$$

6.2.2.1　选择齿数 z

应根据对齿轮流量计噪声和减小体积要求选择齿数，为保证流量脉动系数 δ 不致太大，一般要求最少齿数 $z_{\min} \geqslant 8^{[53]}$，一般选取齿数 $z = 10$。

6.2.2.2　选择模数 m 和齿宽 B

齿轮流量计的流量与齿宽成正比，增加齿宽可以相应地增加流量。而齿轮与流量计上下壳体间的摩擦损失及容积损失的总和与齿宽并不成比例增加，因此，齿宽较大时，流量计精度相对高，但对于高压齿轮流量计，齿宽不宜过大，否则将使齿轮轴及轴承上的载荷过大，一般参照高压齿轮泵的选取原则取 $B = (3 \sim 6)m$。本书选取 $B = 4.1m$，即

$$B = (3 \sim 6)m = \overline{B}m$$

式中，m 为齿轮模数，mm；$\overline{B}$ 为当量宽度，mm，$\overline{B} = B/m$。

选择 $\overline{B}$ 后，可确定模数 m，即

$$m = \sqrt[3]{\frac{q_{BV}}{2k\pi z \overline{B}}}$$

经计算修正后取 $m = 2$，$B = 8.2$mm，式中取 $k = 1.1$。

6.2.2.3　外啮合齿轮变位系数的选择

渐开线变位齿轮的应用，有可能解决如下几方面的问题：

（1）用标准刀具切制齿数较少的齿轮而避免根切；

（2）在中心距 $a' \neq a = \frac{\Sigma z}{2}m$ 的情况下实现正确的啮合；

（3）提高齿轮传动的承载能力，减小或均衡齿面的磨损以提高传动使用寿命；

（4）满足某些特殊要求如增大重合度等。

正确选择变位系数（包括选定 x_{Σ} 以及将 x_{Σ} 适当地分配为 x_1 和 x_2）是设计变位齿轮的关键，应根据所设计的齿轮传动的具体工作要求认真考虑，如果变位系数选择不当，可能出现齿顶变尖、齿廓干涉等一系列问题，破坏正常啮合。外啮合齿轮变位系数的选取有很多限制条件，如加工时不根切、加工时不顶切、齿顶不过薄、保证重合度、不产生过渡曲线干涉。利用"封闭线图"有可能综合考虑各种性能指标，较合理地选择变位系数[54]。

外啮合齿轮变位系数的计算可以按公式计算也可以按图表选取，表 6-1 是已知齿轮的齿数、模数和总变位系数情况下求中心距 a'，根据图 6-3 可以选择齿高变动系数 Δy。

图 6-3 ~ 图 6-5 所示为一种比较简明的外啮合渐开线齿轮变位系数选择线图。它在满足基本的限制条件之下，提供了根据各种具体的工作条件多方面改进传动

性能的可能性，而且按这种方法选择变位系数，不会产生齿轮不完全切削的现象，因此，对于用标准滚刀切制的齿轮不需要进行齿数和模数的验算。

表6-1 外啮合变位直齿圆柱齿轮几何尺寸计算公式

压力角 α	$\alpha = 20°$
啮合角 α'	$\mathrm{inv}\alpha' = \dfrac{2(x_1 + x_2)}{z_1 + z_2}\tan\alpha + \mathrm{inv}\alpha$
中心距变动系数 y	$y = \dfrac{z_1 + z_2}{2}\left(\dfrac{\cos\alpha}{\cos\alpha'} - 1\right)$
中心距 a'	$a' = a + ym$
齿高变动系数 Δy	$\Delta y = x_\Sigma - y$

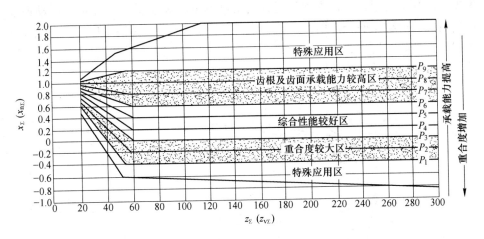

图6-3 变位系数和 x_Σ 的选择

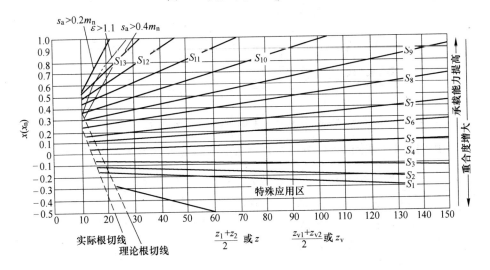

图6-4 将 x_Σ 分配为 x_1 和 x_2 的线图（用于减速传动）

利用图 6-3 可以根据不同的要求在相应的区间按 $z_\Sigma = z_1 + z_2$ 选定 $x_\Sigma = x_1 + x_2$。$P_6 \sim P_9$ 为齿根弯曲及齿面接触承载能力较高的区域，$P_3 \sim P_6$ 为齿轮承载能力和运转平稳性等综合性能比较好的区域，$P_1 \sim P_3$ 为重合度较大的区域。P_0 以上的"特殊应用区"是具有大啮合角而重合度相应减少的区域。P_1 以下的"特殊应用区"是具有较小的啮合角而重合度相应增大的区域。在这个特殊应用区内，对减速传动在 $1 < i < 2.5$ 的情况下有齿廓干涉危险，对增速传动当 $x \leqslant -0.6$ 时有齿廓干涉危险。

利用图 6-4、图 6-5，将 x_Σ 分配为 x_1 和 x_2。图 6-4 用于减速传动，图 6-5 用于增速传动。图 6-4、图 6-5 的变位系数分配线 $L_1 \sim L_{17}$ 及 $S_1 \sim S_{13}$ 是根据两齿轮的齿根弯曲强度近似相等，主动轮齿顶的滑动速度稍大于从动轮齿顶的滑动速度，避免过大的滑动比的条件而绘出的。当变位系数 x_1 或 x_2 位于图 6-5 下部的阴影区内时，应验算过渡曲线干涉。图 6-4 下部的"特殊应用区"是具有较小的啮合角而重合度相应增大的区域。

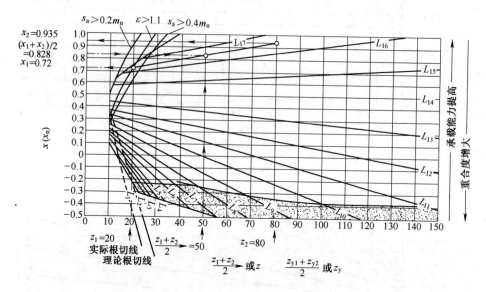

图 6-5　将 x_Σ 分配为 x_1 和 x_2 的线图（用于增速传动）

利用图 6-4（或图 6-5）分配变位系数时，首先在图 6-4（或图 6-5）上找出由 $\dfrac{z_1 + z_2}{2}$ 和 $\dfrac{x_\Sigma}{2}$ 所决定的点，由此点按 L（或 S）射线的方向作一射线，在此射线上找出与 z_1 和 z_2 相应的点，然后即可从纵坐标轴上查得 x_1 和 x_2。也可以根据求得的 x_Σ 在图 6-6 中选取 Δy 的值。

按 $z_\Sigma = z_1 + z_2 = 20$ 从根据实际需求初选 $x_\Sigma = 1.7$，则齿轮啮合角 α' 可由公式

$$\mathrm{inv}\,\alpha' = \frac{2(x_1 + x_2)}{z_1 + z_2}\tan\alpha + \mathrm{inv}\,\alpha$$ 计算得 $\alpha' = 33°$，齿轮中心距变动系数可由公式

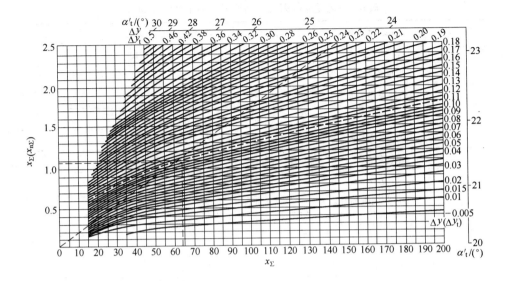

图6-6　根据 x_Σ 求 Δy 的线图

$y = \dfrac{z_1 + z_2}{2}\left(\dfrac{\cos\alpha}{\cos\alpha'} - 1\right)$ 计算得 $y = 1.2$，由 $a' = a + ym$ 计算中心距得 $a' = 22.4$，齿高变动系数由公式 $\Delta y = x_\Sigma - y$ 计算得 $\Delta y = 0.5$，因此总变动系数 $x_\Sigma = y + \Delta y = 1.2 + 0.5 = 1.7$。也可以根据求得的 y 在图6-7中选取 Δy 的值。由于此处两齿轮齿数相同，所以最终根据实际情况变位系数选取 $x = 0.84$。最终齿轮参数见表6-2。

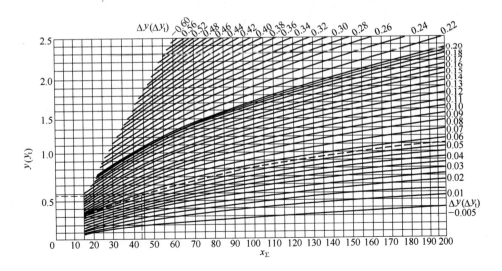

图6-7　根据 y 直接求 Δy 的线图

表 6-2　齿轮参数列表（齿轮材料为不锈钢 440C）

模数 m/mm	2
齿数 z	10
齿形角 $\alpha/(°)$	20
齿顶高系数 h_α^*	1
顶隙系数 C^*	0.25
径向变位系数 x	0.84
螺旋角 $\beta/(°)$	0
齿宽 B/mm	8.2
单个齿距极限偏差 f_{pt}	±9.5
齿距累计总公差 F_{p}	23
齿廓总公差 F_α	9
公法线长度及其偏差 $W_{\text{Ebni}}^{\text{Ebns}}$	$16.190_{-0.074}^{-0.046}$
跨测齿数 K	3
配对齿数 z	10

6.2.3　齿轮齿根弯曲疲劳强度校核和齿面接触疲劳强度校核

6.2.3.1　齿轮齿根弯曲疲劳强度校核

轮齿在受载时，齿根所受的弯矩最大，因此齿根处的弯曲疲劳强度最弱。当轮齿在齿顶处啮合时，处于双对齿啮合区，此时弯矩的力臂虽然最大，但力并不是最大，因此弯矩并不是最大。根据分析，齿根所受的最大弯矩发生在轮齿啮合区最高点时。因此，齿根弯曲强度也应按载荷作用于单对齿啮合区最高点来计算。由于这种算法比较复杂，通常只用于高精度的齿轮传动（如 6 级精度以上的齿轮传动）。对于制造精度较低的齿轮传动（如 7，8，9 级精度），由于制造误差大，实际上多由在齿顶处啮合的轮齿分担较多的载荷，为便于计算，通常按全部载荷作用于齿顶来计算齿根的弯曲强度[55]。当然，采用这样的算法，轮齿的弯曲强度比较富裕。

查阅相关机械设计手册，齿根弯曲疲劳强度校核公式为：

$$\sigma_{\text{F}} = \frac{KF_{\text{t}}Y_{\text{Sa}}Y_{\text{Fa}}}{Bm} \leqslant [\sigma_{\text{F}}] \tag{6-4}$$

式中，Y_{Sa} 为载荷作用于齿顶时的应力校正系数；Y_{Fa} 为齿形系数；K 为载荷系数，$K = K_A K_V K_\beta K_\alpha$；$F_{\text{t}}$ 为作用于齿轮上的径向力，N；B 为齿轮齿宽，mm；m 为齿轮模数，mm；$[\sigma_{\text{F}}]$ 为齿轮的弯曲疲劳许用应力，MPa。载荷系数 K 是计算齿轮强度用的，包括使用系数 K_A、动载系数 K_V、齿间载荷分配系数 K_α 及齿向载荷分布

系数 K_β。查阅相关机械设计手册，此处选取 $K_A = 1$，$K_V = 1.1$，$K_\alpha = 1.1$，$K_\beta = 1.08$，$Y_{FS} = 3.75$。

由公式 $T_M = \dfrac{\Delta p_M q_M}{2\pi} \eta_{Mm}$ 和 $F_t = \dfrac{2T_M}{d}$ 可求得

$$F_t = \frac{\Delta p_M q_M}{d\pi} \eta_{Mm} = \frac{0.1 \times 2.5}{0.02 \times 3.14} \times 1 = 4\text{N} \tag{6-5}$$

式中，Δp_M 为流量计进出油口压力差，MPa；q_M 为流量计几何排量，mm^3；η_{Mm} 为流量计机械效率；d 为齿轮直径，mm。

齿轮弯曲疲劳许用应力公式为：

$$[\sigma_F] = \frac{K_{FN}\sigma_{FE}}{S} \tag{6-6}$$

式中，K_{FN} 为弯曲疲劳寿命系数；S 为弯曲疲劳安全系数；σ_{FE} 为齿轮的弯曲疲劳强度极限，MPa。

查阅相关机械设计手册，选取 $K_{FN} = 0.85$，$S = 1.3$，$\sigma_{FE} = 630\text{MPa}$。

代入式（6-6）后得

$$[\sigma_F] = \frac{K_{FN}\sigma_{FE}}{S} = \frac{0.85 \times 630}{1.3} = 412\text{MPa}$$

将所得数据代入式（6-4），求得齿轮齿根危险截面弯曲强度为：

$$\sigma_F = \frac{K F_t Y_{Sa} Y_{Fa}}{Bm} = \frac{1 \times 1.1 \times 1.1 \times 1.08 \times 4 \times 3.75}{8.2 \times 2} = 1.2\text{MPa} < [\sigma_F] \tag{6-7}$$

所以齿轮的齿根弯曲疲劳强度符合要求。

6.2.3.2 齿轮齿面接触疲劳强度校核

查阅相关机械设计手册得齿轮齿面接触疲劳强度校核公式为：

$$\sigma_H = Z_H Z_E \sqrt{\frac{K F_t}{B d_1} \cdot \frac{u+1}{u}} \leqslant [\sigma_H] \tag{6-8}$$

式中，Z_H 为区域系数；Z_E 为弹性影响系数；K 为载荷系数；d_1 为齿轮与轴配合的直径，mm；u 为两齿轮齿数比，$u = \dfrac{z_2}{z_1}$；$[\sigma_H]$ 为齿轮接触疲劳许用应力，MPa；此处

$$Z_E = 189.8\text{MPa}^{\frac{1}{2}}, Z_H = 2.5, [\sigma_H] = \frac{K_{HN}\sigma_{lim}}{S}$$

式中，K_{HN} 为齿轮接触疲劳寿命系数；σ_{lim} 为齿轮接触疲劳强度极限；S 为安全系数。假设齿轮流量计工作年限为 15 年（每年工作 300 天），实行两班制，每班 8 小时，齿轮的转速为 4000r/min，则有：

$$N = 60njL_h = 60 \times 4000 \times 1 \times (2 \times 8 \times 300 \times 15) \approx 1.7 \times 10^{10} \qquad (6\text{-}9)$$

式中，n 为齿轮的转速，r/min；j 为齿轮每转一圈时，同一齿面啮合的次数；L_h 为齿轮的工作寿命，h；N 为齿轮工作应力循环次数。

查阅相关机械设计手册后选取接触疲劳寿命系数 $K_{HN} = 0.85$，$\sigma_{lim} = 900\text{MPa}$，

$S = 1$，求得 $[\sigma_H] = \dfrac{K_{HN}\sigma_{lim}}{S} = \dfrac{0.85 \times 900}{1} = 765\text{MPa}$。

将所得数据代入公式 $\sigma_H = Z_H Z_E \sqrt{\dfrac{KF_t}{Bd_1} \cdot \dfrac{u+1}{u}}$ 中得

$$\sigma_H = Z_H Z_E \sqrt{\frac{KF_t}{Bd_1} \cdot \frac{u+1}{u}} = 2.5 \times 189.8 \times \sqrt{\frac{1 \times 1.1 \times 1.1 \times 1.08 \times 4}{8.2 \times 20} \times \frac{1+1}{1}}$$

$$= 120\text{MPa}$$

可见 $\sigma_H < [\sigma_H]$，所以齿轮齿面的接触疲劳强度符合要求。

6.2.4　卸荷槽尺寸设计

在密封情况下，继续改变油液所占的容积而产生压力急剧变化的现象称困油现象。为了使齿轮平稳运转，吸排油腔应严格地密封以及连续均匀地供油，根据齿轮的啮合原理，必须使齿轮的重叠系数 $\varepsilon > 1$，即在工作时，有时会出现两对轮齿同时啮合，因此，就有一部分油液困在两对轮齿所形成的封闭容腔之内。

密封容积先随齿轮转动逐渐减小，以后又逐渐增大。封闭容积的减小会使被困油受挤压而导致压力急剧升高，并从缝隙中被挤压出去，引起油液发热，轴承等机件也受到附加的不平衡负载；封闭容积的增大又会造成局部真空，使溶于油液中的气体分离出来，产生气穴，这就是困油现象。困油现象会产生强烈的噪声并引起振动和气蚀，降低容积效率，影响工作平稳性，缩短使用寿命[53]。

消除困油的方法通常是在两端盖板上开一对矩形卸荷槽。开卸荷槽的原则是当封闭容积减少时，使卸荷槽与高压腔相通以便将封闭容积的油液排到压油腔；当封闭容积增大时，使卸荷槽与吸油腔相通，使吸油腔的油补入避免产生真空，这样使困油现象得以消除。在开卸荷槽时，必须保证吸、压油腔任何时候不能通过卸荷槽直接相通，否则将使容积效率降低；若卸荷槽间距过大，则困油现象不能彻底消除，所以当两齿轮为无变位的标准啮合时，两卸荷槽之间距离应为：

$$a = P_b\cos\alpha = \pi m\cos^2\alpha \qquad (6\text{-}10)$$

式中，α 为齿轮压力角，(°)；P_b 为齿轮基节，mm，$P_b = \pi m\cos\alpha$。

选取卸荷槽距离 $a = 2.48\text{mm}$，宽度 $c = 6\text{mm}$，深度 $h = 1\text{mm}$。

6.2.5　滑动轴承和齿轮轴的选取

齿轮流量计采用 M106K 的石墨轴承，而且轴承端面比齿轮端面高出 0.025 ~

0.035mm，这种结构可以有效地保证齿轮端面与壳体面间的端面间隙，如图 6-8
所示。因为齿轮和壳体的材料都是不锈钢，而合金类钢材在一定温度下均有黏
接现象，流量计在运转过程中，如果转动部件的贴合面被油液中的颗粒物拉伤
而形成毛刺的话，那么随着运动部件的继续运动，这种拉伤必将会越来越严
重，甚至会导致运动部件与壳体壁面黏接到一起而不能正常运动。而不锈钢由
于其优良的抗腐蚀性能，常常是液压元件和齿轮流量计的首选材料，所以在这
种情况下保证齿轮端面和壳体壁面间的合理间隙就显得尤为重要；M106K 石
墨材料自润滑性能好，耐磨性良好，而且很容易加工达到相应的尺寸精度和粗
糙度，所以这里可以使轴承的台阶端面与壳体壁面间保持贴合或是保持微小间
隙而不会拉伤材料，同时又可以使转动部件运转灵活。由于轴承端面与壳体壁
面间的间隙微小，因此这种结构又可以有效地降低齿轮端面泄漏，提高齿轮流
量计的容积效率。

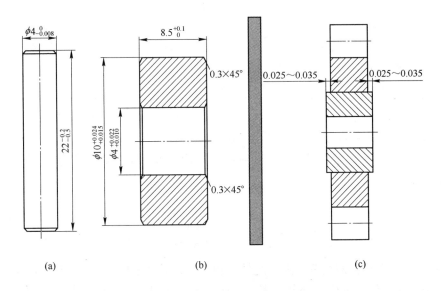

图 6-8 齿轮轴、石墨轴套和齿轮组件
（a）齿轮轴；（b）石墨轴套；（c）齿轮组件

由于石墨材料质地轻盈，硬度高，所以应在满足齿轮强度要求的条件下尽
量增大石墨轴承的外径，以降低转动部件的质量，提高齿轮流量计的灵活性，
而增大轴承外径的同时又必将会增大轴承与壳体壁面的贴合面积，这将能进一
步降低齿轮端面泄漏。但是由于石墨材料具有硬而脆的性能，所以它不能应用
于受力较大的场合，比如进、出口压差较大的泵的轴承就不能应用石墨轴承，
而对于流量计来说，由于齿轮的转动是空载转动，运动过程中只需克服摩擦
力、油液黏附力以及转动部件的惯性力，所以流量计的进、出口的压差一般比

较小，在 0.5MPa 的范围内，所以这种石墨轴承是可以用到齿轮流量计中的。两齿轮流量计设计石墨轴套外径为 10mm，长度 8.5mm，内径 4mm，齿轮轴长度为 22mm，直径 4mm。

6.2.6　连接螺栓的设计计算

设计的耐高压双齿轮流量计的最大设计压力为 31.5MPa，根据产品要求采用内六角螺钉（性能等级为 10.9 级）连接。内六角螺栓按等级强度又分为普通的和高强度的，普通的内六角螺栓是指 4.8 级的，高强度的内六角螺栓是指 8.8 级以上的，包括 10.9 级的和 12.9 级的。齿轮流量计中的内六角螺钉只受预紧力和工作拉力，因此计算时按照 $d \geqslant \sqrt{\dfrac{4 \times 1.3F_2}{\pi[\sigma]}}$ 来取螺钉的直径。按照极限压力算，齿轮流量计内的受力面积 S 取密封圈内的整个部分，得

$$S = \pi r^2 + 2Lr$$

式中，S 为流量计受力面积，mm^2；r 为密封圈槽内半径，mm；L 为密封圈两半圆圆心距离，mm。

计算后得

$$S = 3.14 \times 15^2 + 2 \times 15 \times 22.5 = 1381.5mm^2$$

因此流量计所受总极限拉力为 $F = 2\sigma S = 2 \times 31.5 \times 10^6 \times 1381.5 \times 10^{-6} = 87034.5N$ 近似取 $F = 87000N$，这里均匀布置 10 个螺钉，因此每个螺钉所受极限拉力为 $F_2 = \dfrac{F}{10} = 8700N$，则

$$d \geqslant \sqrt{\frac{4 \times 1.3F_2}{\pi[\sigma]}} = \sqrt{\frac{4 \times 1.3 \times 8700}{3.14 \times 300 \times 10^6}} = 7 \times 10^{-3}m = 7mm$$

式中，$[\sigma]$ 为螺钉的疲劳极限，此处查相关机械设计手册取 $[\sigma] = 300MPa$。

假设流量计内部受力部分为密封圈内的所有面积，但实际上齿轮端面和滑动轴承端面包括上下端盖接触部分的油液很少，齿轮轴上也不应有油液，因此实际受力时受力面积远小于假设计算的面积，结合实际设计的需求，最终选取直径为 $d = 6mm$ 的内六角螺钉（性能等级为 10.9 级）。

6.2.7　其他零部件参数的设计

根据相关原则需求，选取本流量计的进、出油口直径为 6mm，进出油口螺纹为 M14 × 1.5 公制螺纹，流量计上端盖传感器螺纹口为 M14 × 1.5 锥形螺纹口，密封圈采用 O 形橡胶密封圈 44 × 2.65，流量计上下壳体选用不锈钢 316 材料，相关图形如图 6-9 所示。

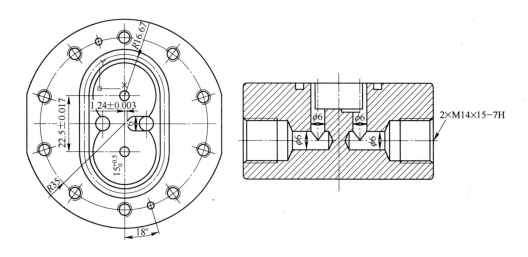

图 6-9 两齿轮流量计下壳体

6.3 多齿轮流量计的结构参数设计

6.3.1 多齿轮流量计的结构和特点

研制的多齿轮流量计是在传统直齿圆柱齿轮流量计结构的基础上加以改进研制而成的，旨在降低由齿轮流量计造成的流体流量脉动以及增加其瞬态测量特性。所设计的多齿轮直齿圆柱齿轮流量计的结构原理如图 6-10 所示。

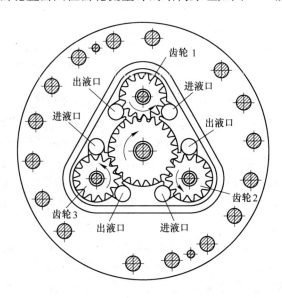

图 6-10 多齿轮流量计结构原理

如图 6-11 所示，与传统直齿圆柱齿轮流量计相比，多齿轮流量计增加了啮合齿轮的对数，而且径向轮是围绕中心轮圆周方向上等间距布置的，因此多齿轮流量计就相当于是三个传统直齿圆柱齿轮流量计的复变体，当中心齿轮做顺时针旋转时，各个径向轮的转动方向如图 6-10 所示，那么对应的进、出油口也如图中所示。通过选取合适的配对齿轮齿数，以及设计合理的配流盘，便可以使得三个排液口的脉动流量能够相互叠加，从而达到降低流量脉动幅度的目的。

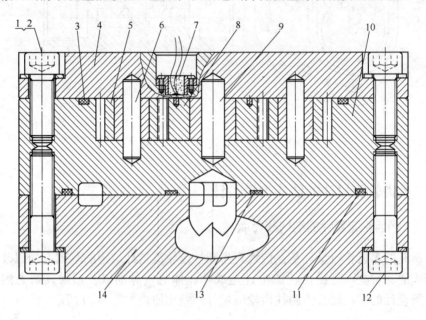

图 6-11　多齿轮流量计装配体结构

1，12—连接螺钉；2—平垫圈；3，11，13—O 形密封圈；4—上端盖；5—小齿轮组件；
6，9—光轴；7—霍尔传感器；8—带磁钢大齿轮组件；10—中间壳体；14—底座

多齿轮流量计详细装配体结构如图 6-11 所示，通过装在上端盖上的霍尔传感器来测量中心齿轮的转速，转速信号乘以流量计的排量便能够得到流量信号；采用非接触式测量法，可以避免测量处的泄漏问题，同时也能避免油液直接接触到传感器探头而对传感器产生影响或损坏。使用霍尔传感器，需要在齿轮里面装上磁钢，同时使齿轮的材料为非导磁性材料，这样才能使霍尔传感器有效地进行工作。中心轮的组件结构和磁钢的排列如图 6-12（a）所示，图 6-12（b）所示为径向齿轮的组件结构图。

如图 6-12（a）所示，中心齿轮的端面上嵌有 10 个磁钢，磁钢的间距不能太密，否则磁钢的磁场会相互叠加交汇从而影响传感器的测量；磁钢的 N，S 极是交叉排列朝向霍尔传感器的探头一面，配合传感器的识别采集程序，可以有效地测出齿轮的转速值，这种测量方法是霍尔传感器自锁式测量方法的应用。当传感

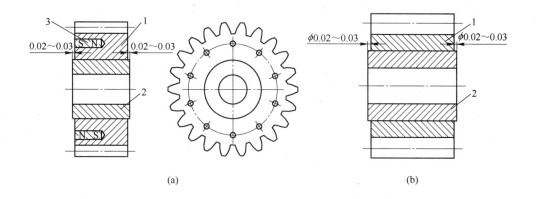

图 6-12　齿轮组件结构图

1—齿轮（不锈钢 304）；2—石墨轴承（M106K）；3—磁钢（钕铁硼，磁场强度 3000Gs）

器探头依次经过两个相邻的磁钢时，探头下面的区域磁场磁极变化情况是由 N→S 或由 S→N，此时霍尔传感器便会发出一个计数脉冲，如此往复循环。

液压系统中，管道中液压油并非时刻都在流动，当液压油停止流动时，由于外界环境或是液压系统的内部等因素的影响，很容易使管道中的液压油出现微小振动或摆动，从而也会导致齿轮流量计中齿轮的来回摆动，若是一般以检测磁场强度强弱变化为测量依据的传感器，比如非自锁型霍尔传感器，就会使传感器产生额外的计量脉冲，从而影响流量计的测量精度，自锁型霍尔传感器则不会出现这种误差，这为齿轮流量计测量精度提供了保障。

6.3.2　多齿轮流量计的几何排量和流量

多齿轮流量计的几何排量是三对齿轮旋转一周所排出的液体体积，等于六齿轮轮齿体积之和。参照两齿轮流量计的计算步骤，一对直齿圆柱齿轮流量计的几何排量计算公式见式（6-1）。

多齿轮流量计的几何排量为：

$$q_{BV} = 3 \times \frac{\pi}{4} \{ [(z+2)m]^2 - [(z-2)m]^2 \} B = 6\pi m^2 z B \qquad (6\text{-}11)$$

则三齿轮流量计的平均理论流量 Q 为：

$$Q = nq_{BV} = 6\pi z m^2 B n \times 10^{-3} \qquad (6\text{-}12)$$

式中，n 为齿轮流量计转速，r/min；Q 为平均理论流量，L/min。

这里采用正移距修正方式修正如下：

$$q_{BV} = 6\pi k m^2 z B \qquad (6\text{-}13)$$

式中，k 为修正系数，$k = 1.06 \sim 1.15$，z 小时取大值，z 大时取小值。

6.3.3　齿轮参数的选取

本书设计的三齿轮流量计的理论流量范围为 $0 \sim 100\text{L/min}$，最高转速为 1000r/min。

由 $Q = nq_{BV} = 6n\pi km^2 zB$，可得

$$q_{BV} = \frac{Q}{n} = \frac{100}{1000} \times 10^3 = 100\text{mL/r}$$

6.3.3.1　选择齿数 z

应根据对齿轮流量计噪声和减小体积要求选择齿数，为保证流量脉动系数 δ 不致太大，一般要求最少齿数 $z_{\min} \geqslant 8$，选取齿数 $z = 14$，由于中心齿轮的啮合次数是两侧齿轮的三倍，为保证中心轮的使用寿命和降低流量脉动，取中心轮的齿数 $z = 22$。

6.3.3.2　选择模数 m 和齿宽 B

由于多齿轮流量计的排量过大，因此这里取 $B = 10m$，即

$$B = \overline{B}m = 10m$$

式中，m 为齿轮模数；$\overline{B}$ 为当量宽度，$\overline{B} = B/m$。

选择 $\overline{B}$ 后，可确定模数 m，即

$$m = \sqrt[3]{\frac{q_{BV}}{6k\pi z \overline{B}}}$$

经计算修正后取 $m = 3$，$B = 10\text{mm}$，式中取 $k = 1$。

6.3.3.3　外啮合齿轮变位系数的选择

由于齿轮齿数 $z < 17$，且齿轮齿形角 $\alpha = 20°$，因此应对齿轮变位，选择变位系数时参照两齿轮流量计的选择原则，同时也结合实际应用，按 $z_\Sigma = z_1 + z_2 = 36$ 从根据实际需求初选 $x_\Sigma = 0.7$，则齿轮啮合角 α' 可由公式 $\text{inv}\alpha' = \dfrac{2(x_1 + x_2)}{z_1 + z_2}\tan\alpha + \text{inv}\alpha$ 计算得 $\alpha' = 25°$，齿轮中心距变动系数可由公式 $y = \dfrac{z_1 + z_2}{2}\left(\dfrac{\cos\alpha}{\cos\alpha'} - 1\right)$ 计算得 $y = 0.66$，由 $a' = a + ym$ 计算中心距得 $a' = 55.98\text{mm}$，齿高变动系数由公式 $\Delta y = x_\Sigma - y$ 计算得 $\Delta y = 0.04$，因此总变动系数 $x_\Sigma = y + \Delta y = 0.66 + 0.04 = 0.7$。根据图6-5将 x_Σ 分配为 x_1 和 x_2，所以最终结合实际需要小齿轮变位系数选取 $x_1 = 0.352$，大齿轮变位系数选取 $x_2 = 0.322$。

最终大齿轮参数见表6-3，小齿轮参数见表6-4。

表 6-3　大齿轮参数列表（齿轮材料为不锈钢304）

模数 m/mm	3
齿数 z	22
齿形角 $\alpha/(°)$	20
齿顶高系数 h_α^*	1
顶隙系数 C^*	0.25
径向变位系数 x/mm	0.322
螺旋角 $\beta/(°)$	0
齿宽 B/mm	30
单个齿距极限偏差 f_{pt}	±12
齿距累积总公差 F_{p}	38
齿廓总公差 F_α	16
公法线长度及其偏差 $W_{\mathrm{Ebni}}^{\mathrm{Ebns}}$	$32.582_{-0.103}^{-0.063}$
跨测齿数 K	4
配对齿数 z	14

表 6-4　小齿轮参数列表（齿轮材料为不锈钢304）

模数 m/mm	3
齿数 z	14
齿形角 $\alpha/(°)$	20
齿顶高系数 h_α^*	1
顶隙系数 C^*	0.25
径向变位系数 x/mm	0.352
螺旋角 $\beta/(°)$	0
齿宽 B/mm	30
单个齿距极限偏差 f_{pt}	±11
齿距累积总公差 F_{p}	30
齿廓总公差 F_α	14
公法线长度及其偏差 $W_{\mathrm{Ebni}}^{\mathrm{Ebns}}$	$23.451_{-0.095}^{-0.062}$
跨测齿数 K	3
配对齿数 z	22

6.3.4　齿轮齿根弯曲疲劳强度校核和齿面接触疲劳强度校核

6.3.4.1　齿轮齿根弯曲疲劳强度校核

此处强度校核参照两齿轮流量计的校核步骤，经查阅相关机械设计手册得齿根弯曲疲劳强度校核公式，见式（6-4）。

查阅相关机械设计手册，此处选取 $K_A=1$，$K_V=1.1$，$K_\alpha=1.1$，$K_\beta=1.08$，$Y_{\mathrm{FS}}=3.8$。

由公式 $T_M = \dfrac{\Delta p_M q_M}{2\pi} \eta_{Mm}$ 和 $F_t = \dfrac{2T_M}{d}$ 可求得

$$F_t = \frac{\Delta p_M q_M}{d\pi} \eta_{Mm} = \frac{0.1 \times 100}{0.042 \times 3.14} \times 1 = 76N \tag{6-14}$$

式中，Δp_M 为流量计进、出油口压力差，MPa；q_M 为流量计几何排量，mm^3/r；η_{Mm} 为流量计机械效率；d 为齿轮直径，mm。

齿轮弯曲疲劳许用应力公式见式（6-6）。查阅相关机械设计手册，选取 $K_{FN} = 0.85$，$S = 1.3$，$\sigma_{FE} = 630MPa$，代入公式后得

$$[\sigma_F] = \frac{K_{FN}\sigma_{FE}}{S} = \frac{0.85 \times 630}{1.3} = 412MPa$$

将所得数据代入式（6-4）求得齿轮齿根危险截面弯曲强度为：

$$\sigma_F = \frac{KF_t Y_{Sa} Y_{Fa}}{Bm} = \frac{1 \times 1.1 \times 1.1 \times 1.08 \times 76 \times 3.8}{30 \times 3} = 4.2MPa < [\sigma_F]$$

$$\tag{6-15}$$

所以齿轮的齿根弯曲疲劳强度符合要求。

6.3.4.2　齿轮齿面接触疲劳强度校核

查阅相关机械设计手册，得齿轮齿面接触疲劳强度校核公式，见式（6-8）。此处

$$Z_E = 189.8MPa^{\frac{1}{2}}, Z_H = 2.5, [\sigma_H] = \frac{K_{HN}\sigma_{lim}}{S}$$

式中，K_{HN} 为齿轮接触疲劳寿命系数；σ_{lim} 为齿轮接触疲劳强度极限；S 为安全系数。假设齿轮流量计工作年限为 15 年（每年工作 300 天），实行两班制，每班 8 小时，中心齿轮的齿数为 19，行星齿轮的齿数为 14，中心齿轮的转速为 1000r/min，中心齿轮同时与 3 个行星齿轮啮合，则有：

$$N = 60njL_h = 60 \times 1000 \times \left(\frac{14}{19} \times 3\right) \times (2 \times 8 \times 300 \times 15) \approx 1 \times 10^{10}$$

式中，n 为齿轮的转速，r/min；j 为齿轮每转一圈时，同一齿面啮合的次数；L_h 为齿轮的工作寿命，h；N 为齿轮工作应力循环次数。

查阅相关机械设计手册后选取接触疲劳寿命系数 $K_{HN} = 0.85$，$\sigma_{lim} = 900MPa$，$S = 1$，求得 $[\sigma_H] = \dfrac{K_{HN}\sigma_{lim}}{S} = \dfrac{0.85 \times 900}{1} = 765MPa$。

将所得数据代入公式 $\sigma_H = Z_H Z_E \sqrt{\dfrac{KF_t}{Bd_1} \cdot \dfrac{u+1}{u}}$ 中得

$$\sigma_H = Z_H Z_E \sqrt{\frac{KF_t}{Bd_1} \cdot \frac{u+1}{u}} = 2.5 \times 189.8 \times \sqrt{\frac{1 \times 1.1 \times 1.1 \times 1.08 \times 76}{30 \times 66} \times \frac{1.6+1}{1.6}}$$

$$= 135 \text{MPa}$$

可见 $\sigma_H < [\sigma_H]$，所以齿轮齿面的接触疲劳强度符合要求。

6.3.5　卸荷槽、滑动轴承和齿轮轴的选取

为防止有困油现象，在流量计齿轮腔和上壳体上开三对矩形卸荷槽，参照两齿轮流量计的参数取用原则，设计卸荷槽距离 $a = 7.7 \text{mm}$，宽度 $c = 8 \text{mm}$，深度 $h = 2.5 \text{mm}$。此处采用 M106K 的石墨轴承，而且大齿轮组件的轴承端面比齿轮端面高出 0.025 ~ 0.035mm，小齿轮组件的轴承端面比齿轮端面高出 0.03 ~ 0.04mm，这样可以有效地保证齿轮端面与壳体面间的端面间隙，使轴承的台阶端面与壳体壁面间保持贴合或是保持微小间隙而不会拉伤材料，同时又能使转动部件运转灵活。这种结构能有效地降低齿轮端面泄漏，提高齿轮流量计的容积效率。三齿轮流量计的进出口压差比较小，在 0.5MPa 的范围内，这符合石墨轴套的使用场合，设计多齿轮流量计大齿轮石墨轴套外径为 32mm，长度为 30mm，内径为 16mm，大齿轮轴长度为 56mm，直径为 16mm，小齿轮石墨轴套外径为 24mm，长度为 30mm，内径为 12mm，齿轮轴长度为 56mm，直径为 12mm。

6.3.6　连接螺栓的设计计算

设计的耐高压双齿轮流量计的最大设计压力为 31.5MPa，根据产品要求采用内六角螺钉（性能等级为 10.9 级）连接。内六角螺栓按等级强度又分为普通的和高强度的，普通的内六角螺栓是指 4.8 级的，高强度的内六角螺栓是指 8.8 级以上的，包括 10.9 级的和 12.9 级的。本书设计的齿轮流量计中的内六角螺钉只受预紧力和工作拉力，因此计算时按照 $d \geqslant \sqrt{\dfrac{4 \times 1.3 F_2}{\pi [\sigma]}}$ 来取螺钉的直径。

多齿轮流量计的连接强度计算应分别计算上壳体与齿轮腔间和底座与齿轮腔间的连接强度，按照极限压力算，齿轮流量计内的受力面积 S 取密封圈内有油液的部分，上壳体与齿轮腔间的密封圈内面积经计算为 0.0125m^2。

因此流量计上壳体与齿轮腔间所受总极限拉力为：

$$F = 2\sigma S = 2 \times 31.5 \times 10^6 \times 0.0125 = 800000 \text{N}$$

这里均匀布置 16 个螺钉，因此每个螺钉所受极限拉力为 $F_2 = \dfrac{F}{16} = 50000 \text{N}$，则

$$d \geqslant \sqrt{\frac{4 \times 1.3 F_2}{\pi[\sigma]}} = \sqrt{\frac{4 \times 1.3 \times 50000}{3.14 \times 300 \times 10^6}} = 16 \times 10^{-3} \text{m} = 16 \text{mm}$$

式中，$[\sigma]$ 为螺钉的疲劳极限，此处查相关机械设计手册取$[\sigma] = 300 \text{MPa}$。

齿轮腔与底座间的密封圈内油液流动部分面积经计算为 0.012m^2，因此流量计齿轮腔与底座间所受总极限拉力为 $F = 2\sigma S = 2 \times 31.5 \times 10^6 \times 0.012 = 756000 \text{N}$。这里均匀布置 16 个螺钉，因此每个螺钉所受极限拉力为 $F_2 = \dfrac{F}{16} = 47250 \text{N}$，则

$$d \geqslant \sqrt{\frac{4 \times 1.3 F_2}{\pi[\sigma]}} = \sqrt{\frac{4 \times 1.3 \times 47250}{3.14 \times 300 \times 10^6}} = 16 \times 10^{-3} \text{m} = 16 \text{mm}$$

式中，$[\sigma]$ 为螺钉的疲劳极限，此处查相关机械设计手册取$[\sigma] = 300 \text{MPa}$。

上壳体和齿轮腔间的受力面积是假设流量计内部所受力部分为密封圈内的所有面积，但实际上齿轮端面和滑动轴承端面包括上下端盖接触部分的油液很少，齿轮轴上也不应有油液，因此实际受力时受力面积远小于假设计算的面积，齿轮腔与底座间的受力面积是油液流动部分的面积，最终结合实际设计的需求，选取直径为 $d = 16 \text{mm}$ 的内六角螺钉（性能等级为 10.9 级）。

6.3.7　其他零部件参数的设计

根据相关原则需求，选取本书设计流量计的进出油口直径为 32mm，进出油口螺纹为 M42×2 公制螺纹，流量计上端盖传感器螺纹口为 M14×1.5 锥形螺纹口，上盖与齿轮腔间的密封圈采用 155×5.3 规格 O 形橡胶密封圈，齿轮腔与底座间的密封圈分别采用 200×5.3 和 132×3.55 规格 O 形橡胶密封圈，流量计上下壳体和齿轮腔选用不锈钢 316 材料。相关图形如图 6-13 所示。

6.4　行星齿轮流量计多目标优化设计

MATLAB 是一套功能强大的工程计算软件，被广泛用于自动控制、机械设计、流体力学和数理统计等工程领域。工程技术人员通过使用 MATLAB 提供的工具箱，可以高效求解复杂的工程问题，并可以对系统进行动态仿真，用强大的图形功能对数值计算结果进行显示。MATLAB 是必备的计算与分析软件之一，也是研究设计部门解决工程计算问题的重要软件工具。工程优化是在不同的约束条件下求多变量系统最优解的过程。在这一定义中，"最优"一词意指在一个或多个设计目标中，决策者希望得到的具有最小或最大性能指标的一种设计目标。

利用 MATLAB 解决工程中实际问题的步骤如下：

（1）根据实际的最优化问题，建立相应的数学模型；

（2）对建立的数学模型进行具体的分析和研究，选择恰当求解方法；

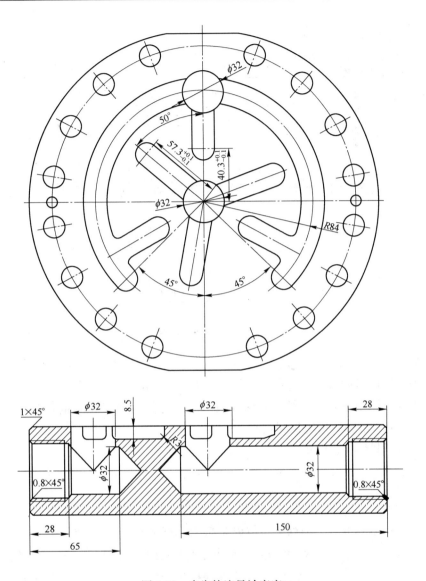

图 6-13 多齿轮流量计底座

（3）根据最优化方法的算法，选择 MATLAB 优化函数，编写程序并利用计算机求出最优解。

行星齿轮流量计的优化流程图如图 6-14 所示。

6.4.1 MATLAB 多目标优化问题

求解多目标优化问题的基本思想是将各个分目标函数构造成一个评价函数，从而将多目标（向量）优化问题转化为求解评价函数的单目标（标量）优化问

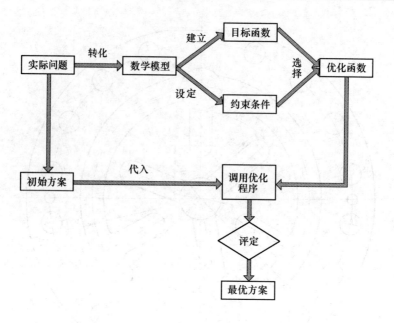

图 6-14   优化流程图

题来处理。

构造评价函数的方法主要有线性加权法、规格化加权法、功效系数法、乘除法和主要目标法等。采用稳妥的保守策略时，可使用 MATLAB 的优化工具箱函数 fminimax，求解约束优化问题。

求解多目标优化问题可做如下描述：

$$\min_x \max_f \{f_1, f_2, \cdots, f_t\}$$

$$\text{s. t. } Ax \leqslant b（线性不等式约束）$$

$$Aeqx = beq（线性等式约束）$$

$$C(x) \leqslant 0（非线性不等式约束）$$

$$Ceq(x) = 0（非线性等式约束）$$

$$lb \leqslant x \leqslant ub（边界约束）$$

它的功能是使约束目标函数 f 的最劣解逐次变小，也就是在最坏的情况下寻求最好的结果。

函数 fminimax 的使用格式为：

$$[x, fval, exitflag, output, hession] = fmincon(@ fun, x0, A, b, Aeq, beq, lb, ub, @ Nlc, options, P1, P2, \cdots)$$

其中，输出参数 x 和 fval 分别是返回目标函数的最优解及其函数值；exitflag

是返回算法的终止标志；output 是返回优化算法信息的一个数据结构；grad 是返回目标函数在最优解 x 点的梯度；hessian 是返回目标函数在最优解 x 点的 hessian 矩阵值。输入函数 fun 是调用目标函数的函数文件名；x0 是初始点；A 和 b 表示线性不等式约束条件的系数矩阵 A 和常数向量 b；Aeq 和 beq 表示线性等式约束条件的系数矩阵和常数向量；lb 和 ub 表示设计变量 x 的下界向量 lb 和上届向量 ub；Nlc 是定义非线性约束条件的函数名；Options 是设置优化选项参数；P1、P2 等是传递给 fun 的附加参数。参数 A，b，Aeq，beq，lb，ub，$options$ 等没有定义时用空矩阵符号"［ ］"代替。

6.4.2 行星齿轮流量计优化数学模型

本书以优化设计行星齿轮流量计为目的，在已知载荷、工作条件并选定材料的基础上，建立以流量脉动最小和体积最小为双目标的优化数学模型。

6.4.2.1 建立数学模型

（1）以行星齿轮流量计的流量脉动最小为目标建立目标函数。函数如下：

$$\delta_q = \frac{6\pi^2(2z_1z_3 + z_2z_3 - z_1z_2)\cos^2\alpha_n}{216(4z_1z_2z_3 + 2z_1z_3 + z_1z_2 + z_2z_3) - 19\pi^2(2z_1z_3 + z_2z_3 - z_1z_2)\cos^2\alpha_n}$$

(6-16)

式中，z_1 为太阳轮齿数；z_2 为行星轮齿数；z_3 为内齿圈齿数；α_n 为压力角，取 20°。

（2）以体积最小为目标建立目标函数。为了简化问题，本书以太阳轮和行星轮的体积之和代替整个行星齿轮系统的总体积，则

$$V = \frac{\pi}{4}D_1^2 b + \frac{\pi}{4}D_2^2 bC = \frac{\pi}{4}z_1^2 m^2 b + \frac{\pi}{4}z_2^2 m^2 bC$$

(6-17)

式中，D_1 为太阳轮分度圆直径，mm；D_2 为行星轮分度圆直径，mm；b 为太阳轮和行星轮齿宽，mm，设计齿宽取 10mm；C 为行星轮个数；z_1 为太阳轮齿数；z_2 为行星轮齿数；m 为齿轮模数，mm。

目标函数转化为：

$$f_1(x) = \frac{6\pi^2(2x_1x_3 + x_2x_3 - x_1x_2)\cos^2\alpha_n}{216(4x_1x_2x_3 + 2x_1x_3 + x_1x_2 + x_2x_3) - 19\pi^2(2x_1x_3 + x_2x_3 - x_1x_2)\cos^2\alpha_n}$$

(6-18)

$$f_2(x) = \frac{\pi}{4}(x_1^2 + x_2^2) \times 30x_4^2$$

(6-19)

则设计变量为：

$$x = [x_1, x_2, x_3, x_4]^T = [z_1, z_2, z_3, m]^T$$

(6-20)

6.4.2.2　约束条件

A　边界约束条件

太阳轮齿数限制：

$$G_1(x) = x_1 - 19 \geq 0 \tag{6-21}$$

$$G_2(x) = 31 - x_1 \geq 0 \tag{6-22}$$

在标准齿形条件下，三型行星齿轮流量计中心齿轮的齿数 z_1 不是 3 的倍数，即 $z_1 = 3k_1 \pm 1$，而中心齿轮和径向齿轮间有三对齿轮在啮合，考虑到每对啮合齿轮应有 2~3 个齿，还应有 3 个齿的密封，因此，中心齿轮的最小齿数应大于 18，即 $z_1 > 18$，所以 z_1 应该大于等于 19。

行星轮齿数限制：

$$G_3(x) = x_2 - 14 \geq 0 \tag{6-23}$$

$$G_4(x) = 30 - x_2 \geq 0 \tag{6-24}$$

径向齿轮齿数 z_2 为偶数，即 $z_2 = 2k_2$，且径向齿轮齿数最小齿数 $z_{2\min}$ 应满足密封和传动条件。径向齿轮有两条压力密封（过渡）边，每边至少要有 3 个齿，两侧传动时有可能出现每侧两对齿牙啮合条件。因而径向齿轮的最小可能齿数 $z_{2\min} = 11$，再考虑齿顶变尖因素，取 $z_{2\min} = 14$ 是可行的。

内齿圈齿数限制：

$$G_5(x) = x_3 - 45 \geq 0 \tag{6-25}$$

$$G_6(x) = 71 - x_3 \geq 0 \tag{6-26}$$

模数限制：

$$G_7(x) = x_3 - 45 \geq 0 \tag{6-27}$$

$$G_8(x) = 71 - x_3 \geq 0 \tag{6-28}$$

B　同心条件

$$H_1(x) = x_1 + 2x_2 - x_3 = 0 \tag{6-29}$$

C　性能约束

由于三型齿轮流量计径向液压力、啮合力很小，中心轮和内齿轮的啮合力是平衡的，由于动态情况下，瞬态径向液压力是不平衡的，对接触疲劳强度要求不大，只需满足齿根弯曲强度即可。

动态情况下，在计算流量计的齿轮载荷时，认为平均受载。油液的作用面积 $S = \pi r^2$，进油口半径 $r = 6\mathrm{mm}$，由于每个径向齿轮对应着两个进油口，则总载荷 $F = 2pS$，进出口的压力差 $p = 0.3\mathrm{MPa}$，$F = 2p\pi r^2 = 2 \times 0.3 \times \pi \times 6^2 = 67.9\mathrm{N}$，则传递的转矩 $T = Fd_1/2 = Fmz_1/2 = 1425.9\mathrm{N} \cdot \mathrm{mm}$。

行星齿轮流量计的径向液压力平衡，啮合力很小，动态状态下，瞬态径向液压力是不平衡的，对齿轮的接触疲劳强度的影响不大，只要满足齿根弯曲疲劳强度。

$$\sigma_{F_i} = \frac{2KT_i Y_{F_i} Y_{S_i}}{\varphi_{\mathrm{d}} m^3 z_i^2} \leqslant [\sigma_{F_i}] \tag{6-30}$$

则弯曲强度的限制：

$$G_9(x) = [\sigma_{F_1}] - \sigma_{F_1} = [\sigma_{F_1}] - \frac{2KT_1}{m^3 z_1^2 \varphi_{\mathrm{d}}} Y_{F_1} Y_{S_1} \geqslant 0 \tag{6-31}$$

$$G_{10}(x) = [\sigma_{F_2}] - \sigma_{F_2} = [\sigma_{F_2}] - \frac{2KT_2}{m^3 z_2^2 \varphi_{\mathrm{d}}} Y_{F_2} Y_{S_2} \geqslant 0 \tag{6-32}$$

$$G_{11}(x) = [\sigma_{F_3}] - \sigma_{F_3} = [\sigma_{F_3}] - \frac{2KT_3}{m^3 z_3^2 \varphi_{\mathrm{d}}} Y_{F_3} Y_{S_3} \geqslant 0 \tag{6-33}$$

式中，σ_{F_i} 为齿轮 i 的齿根弯曲疲劳强度，MPa；K_i 为齿轮 i 的载荷系数，由于是轻微冲击，取 $K_1 = K_2 = K_3 = 1.3$；T_i 为齿轮 i 传递的扭矩（齿轮 2 共有 3 个），N·m，$T_1 = T_2 = T_3 = 67.9$N·m；m 为齿轮的模数，mm；z_i 为齿轮 i 的齿数；Y_{F_i} 为齿轮 i 的齿形系数；Y_{S_i} 为齿轮 i 的应力校正系数；φ_{d} 为齿宽系数，取 $\varphi_{\mathrm{d}} = 1$；i 取 1，2，3。具体数值见表 6-5。

表 6-5　计算数据

z_1	19	Y_{F_1}	2.85	Y_{S_1}	1.54	$[\sigma_{F_1}]$/MPa	386.36
z_2	14	Y_{F_2}	3.00	Y_{S_2}	1.50	$[\sigma_{F_2}]$/MPa	416.67
z_3	47	Y_{F_3}	2.34	Y_{S_3}	1.69	$[\sigma_{F_3}]$/MPa	345.45

代入数据，得

$$G_{12}(x) = \frac{16272}{x_4^3 x_1^2} - 386.36 \leqslant 0 \tag{6-34}$$

$$G_{13}(x) = \frac{16683}{x_4^2 x_2^2} - 416.67 \leqslant 0 \tag{6-35}$$

$$G_{14}(x) = \frac{14661}{x_4^2 x_3^2} - 345.45 \leqslant 0 \tag{6-36}$$

D　排量及误差条件

行星齿轮流量计的理论排量 $q_B = 12\pi m^2 z_1 B$，设计变量表达式 $q_B = 360\pi x_1 x_4^2$，则

$$H_2(x) = q - q_B = 150000 - 360\pi x_1 x_4^2 = 0 \qquad (6\text{-}37)$$

$$g_{15}(x) = \left[(360\pi x_1 x_4^2 - 150000)/150000 \right] - 0.01 \leqslant 0 \qquad (6\text{-}38)$$

6.4.3　运用 MATLAB 工具箱求解

6.4.3.1　建立目标约束函数

编写目标函数 M 文件 myfun. m 如下：

```
function f = myfun(x)
f1 = pi * x(4)^2 * (x(1)^2 + x(2)^2) * 30/4
f2 = 6 * pi^2 * (2 * x(1) * x(3) + x(2) * x(3) - x(1) * x(2)) * (cos(20 * pi/
180))^2/(216 * (4 * x(1) * x(2) * x(3) + 2 * x(1) * x(3) + x(1) * x(2) + x(2) * x
(3)) - 19 * pi^2 * (2 * x(1) * x(3) + x(2) * x(3) - x(1) * x(2)) * (cos(20 * pi/
180))^2)
f = [f1;f2];
```

6.4.3.2　建立约束函数

编写非线性约束函数 M 文件 mycon. m 如下：

```
function[c,ceq] = mycon(x)
g(1) = 16272/(x(1))^2/(x(4))^3 - 386.36;
g(2) = 16683/(x(2))^2/(x(4))^3 - 416.67;
g(3) = 14661/(x(3))^2/(x(4))^3 - 345.45;
h(1) = x(1) + 2 * x(2) - x(3);
c = [g(1);g(2);g(3);g(4)];
ceq = [h(1)];
```

6.4.3.3　执行命令

在 MATLAB 命令窗口调用优化程序：

```
x0 = [21,14,49,2];LBnd = [19,14,45,2];UBnd = [31,30,71,10];
[x,fval,exitflag,output] = fminimax(@ myfun,x0,[],[],[],[],LBnd,UBnd,@
mycon)
```

6.4.3.4　运行结果

运行结果如下：

```
x = 19.7990    14.0000    47.7990    2.6820
fval = 0.0102
```

对参数圆整，得 $z_1 = x_1 = 19$，$z_2 = x_2 = 14$，$z_3 = x_3 = 47$，$m = x_4 = 3$ 时得到的优化目标函数值为 0.0103。

6.4.4 小结

本节探讨了用 MATLAB 优化工具箱对行星齿轮流量计进行多目标优化设计。在综合考虑各种约束的情况下，分析行星齿轮流量计各参数间的约束关系，提出以体积最小和流量脉动最小为目标的多目标优化数学模型，并采用 MATLAB 工具箱进行优化设计。通过优化并圆整，得出当 $z_1 = 19$，$z_2 = 14$，$z_3 = 47$，$m = 3$ 时，流量计的流量脉动值为 0.0103 且体积最小。

7　齿轮流量计实验研究

第6章对行星齿轮流量计做了以流量计流量脉动最小和体积最小为目标的优化设计，本章以优化设计结果为根据，做了实验样机的设计和加工。本章介绍了用于行星齿轮流量计测量的液压系统回路，通过改变变频电机转速来实现流量的变化，通过调节回路中的溢流阀出口压力来实现负载的变化。回路中安置了椭圆齿轮流量计实现流量的测量，同时流量计进、出油口处都装有压力传感器，用于采集液压回路中的瞬态压力变化，传感器输出的信号通过综合信号处理仪后接入到采集卡，实现数据的采集。在泵加载（变频调速）实验台上做了流量计在不同压力、不同流量下的流量系数标定实验，压力脉动大小实验，进、出油口压差确定等实验，并用 MATLAB 和 DDP 等动态信号分析软件对实验数据进行了处理，得到了相关结论。

7.1　多功能齿轮流量计转速检测实验台

7.1.1　实验台搭建的目的和意义

齿轮流量计工作原理是当有液体通过齿轮流量计时，齿轮会随液体流动而转动，把流体的流量信号转换为齿轮的转速信号，再用转速传感器提取转速信号，通过计算把转速信号变换成流量信号。它通过检测齿轮的转速计量液体流量。对于中、低压流量计，利用角度编码器就可以测量转速，目前这种技术已经成熟。对于高压齿轮流量计来说，由于高压齿轮流量计的传感器和齿轮、介质都不直接接触，被流量计壳体隔开，齿轮轴外伸，角度编码器需要加旋转密封，且压力损耗大，所以，角度编码器不能用于高压齿轮流量计上测转速，测量转速就要用其他的方法。三齿轮流量计属于高压齿轮流量计，采用非接触测量法。前面已经对测量所用传感器进行了选型，现在要对所选传感器的性能进行实验。

不同材料加工出来的齿轮流量计价格不一，在不确定哪种材料适合要求的前提下，利用各种不同的材料去试制流量计，会加大成本，不符合实际。所以，我们搭建了模拟实验台。本实验台是把齿轮流量计简化为一个旋转的齿轮和一个测试帽（壳体）。模拟齿轮流量计的二次仪表部分，对齿轮的转速信号进行提取。通过实验台实验，根据每种传感器的工作原理，找到与传感器最适合的齿轮材料及规格、壳体材料、传感器安装孔的厚度及位置、端面间隙的大小，然后再根据实验结果加工模型机进行验证。这样既降低了成本，又节约了资源。

在一次仪表一定的情况下，流量计的测量精度在一定程度上也受二次仪表部分的影响。本实验装置是在满足齿轮流量计性能的基础上，为齿轮流量计或者其他转速测量仪器参数设计提供可靠的实验参数；为齿轮流量计齿轮的参数选取、传感器位置壳体厚度以及齿轮流量计各部分材料的选取提供有效的参考；为齿轮传感器的设计提供很好的实验验证平台，同时还节约资源，降低成本。

7.1.2　实验台简介

转速检测实验台可以在 220V 的交流电源下，实现 90～1350r/min 的无级调速，尺寸小、重量轻，其原理模型图如图 7-1 所示。从图上可以看出实验台主要由变速器、底座组件、电机组件、端面测试组件、径向测试组件组成。变速器通过螺柱与底座后端面连接，变速器左端面与底座左端面平行，变速电机采用变电压变速，通过调节数显变速调节器，就能调节电机的转速，从而达到改变马达转速的目的，完成实验中不同转速下对齿轮转速的测量；电机组件固定于底座中心，通过左右对称的四个螺栓与底座连接，工作时电机带动齿轮转动，齿轮相当于齿轮流量计转子；端面测试组件由支架的下端与底座上焊接的支架座同轴心，支架座与螺栓通过螺纹连接，拧动螺栓可以调节支架的高低，再通过导向螺钉和紧定螺钉固定；径向测试组件通过螺纹连接安装在支架的大圆孔上，然后用两个螺钉把支架固定在底座的导槽上，通过在导槽上的移动起到调节传感器与齿轮端面之间距离的作用。

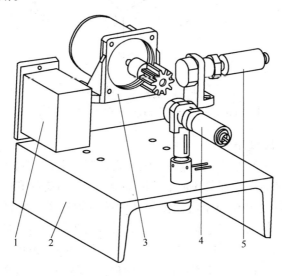

图 7-1　实验台原理模型图

1—变速器；2—底座组件；3—电机组件；4—端面测试组件；5—径向测试组件

下面对齿轮流量计各部分组件的结构及其工作原理做逐一介绍。

7.1.2.1　底座组件

底座组件如图 7-2 所示，由调节螺栓、导向螺钉、紧定螺钉以及底座组成，起到承载整个实验装置并完成部分调节功能的作用。底座中焊接有支架座（如底座上凸起的圆柱所示），支架座里面的圆柱面上攻有 M20 × 1.5 的螺纹，端面测试组件中的支架安装在支架座上，调节螺栓可以调节端面支架的高度，从而可以改变传感器所对应齿轮的位置，进而比较各个位置的测试效果，准确地找到最佳位置，根据这个位置确定流量计上传感器安装孔的位置；由于支架和底座上的支架孔是间隙配合，导向螺钉在一定程度上也起紧固的作用，同时导向螺钉又可以起到导向的作用，紧定螺钉起定位保护作用，这样就可以使得传感器的轴线和电机的轴线平行。

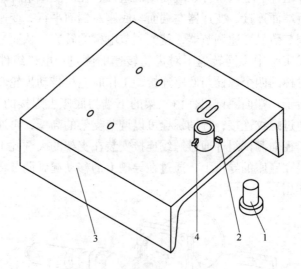

图 7-2　底座组件模型图

1—调节螺栓；2—导向螺钉；3—底座；4—紧定螺钉

7.1.2.2　电机组件

电机组件如图 7-3 所示，由齿轮、轴、联轴器、电机、两个螺栓、两个螺母组成，工作时电机通过联轴器和轴带动齿轮转动，通过螺栓和螺母把电机固定在底座上。其中齿轮也就相当于齿轮流量计中的齿轮转子，齿轮和轴采用过盈配合，每种规格的齿轮都有与它配合的轴；联轴器起到传递转速的作用；电机组件主要是模拟齿轮流量计转子的运动，通过更换不同模数、齿数、材料的齿轮进行实验，就可以找出设计的齿轮流量计齿轮的最佳材料和一些基本参数。

7.1.2.3　端面测试组件

端面测试组件如图 7-4 所示，由传感器、测试柱、支架以及测试帽（壳体）

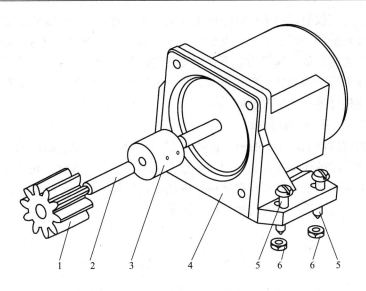

图 7-3　电机组件

1—被测齿轮；2—轴；3—联轴器；4—电机；5—螺栓；6—螺母

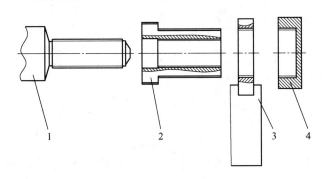

图 7-4　端面测试组件

1—传感器；2—测试柱；3—支架；4—测试帽（壳体）

组成。其中，传感器和测试柱之间采用 M14×1.5 螺纹连接，主要是用于固定传感器；测试柱和支架之间采用 M20×1.0 螺纹连接，这个连接用来精确调节传感器和齿轮之间的距离，也就是相当于齿轮流量计的传感器和齿轮转子之间的距离；测试帽（壳体）和测试柱采用 M20×1.0 螺纹连接，用于固定测试帽（壳体）于测试柱上，测试帽（壳体）相当于齿轮流量计的壳体；本实验装置配有不同厚度、不同材料的测试帽（壳体），通过改变不同的测试帽（壳体）并比较传感器的测试效果就可以找到合适的齿轮流量计壳体材料；还可以找到传感器安装孔在端面的最佳位置。由于需要更换不同的齿轮和检测传感器测试的最佳位置，设计时电机的轴线和端面测试支架上的传感器轴线平行于底座的中心平面内，以便于我们仅通过调节端面测试组件的上下位置就可以改变传感器对准齿轮的位置并找到最佳的测试位置；支架上的导向槽起导向作用，通过拧动调节螺钉就可以使支架的高低，这样当上下移动支架的时候就能始终保持传感器的轴线和电机的轴线平行，当到达预定位置时，用导向螺钉和紧定螺钉进行定位，保证测量情况和流量计的实际情况相同。

7.1.2.4　径向测试组件

径向测试组件如图 7-5 所示，由测试帽（壳体）、支架、测试柱、传感器组成。各部分零件的连接方式及作用和端面测试组件相同，在此不再赘述。两者的区别就在于端面测试组件和径向测试组件的布置位置不同，一个用于进行端面的测量，另一个用于进行齿轮直径方向的测量。

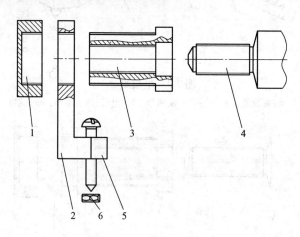

图 7-5　径向测试组件

1—测试帽（壳体）；2—支架；3—测试柱；4—传感器；5—螺栓；6—螺母

本实验装置配有不同厚度、不同材料的测试帽（壳体），通过改变不同的测试帽（壳体）并比较传感器的测试效果就可以找到合适的齿轮流量计壳体材料；还可以找到传感器安装孔在径向的最佳位置。最后，通过支架上的两个小圆柱孔利用螺钉和螺母就可以把径向测试组件固定在底座上，确保传感器的轴线和电机的轴线在同一平面内并垂直，以便于更换不同齿轮时传感器始终对准齿轮的轮齿，只需调整传感器和齿轮的距离即可。

7.1.3　实验台配套零部件的设计

本实验装置是把齿轮流量计简化为一个旋转的齿轮和一个测试帽（壳体），所以本实验装置中的配套零部件就是齿轮和测试帽（壳体）。

加工了几种不同的齿轮，根据使用材料的不同，可以分为 45 号钢、不锈钢316、不锈钢 304、不锈钢 2Gr13，其中 2Gr13 和不锈钢 316 为弱导磁材料，45 号钢为强导磁材料，不锈钢316为不导磁材料，各种材料还加工成不同齿数和模数的齿轮。

测试帽相当于齿轮流量计的壳体，因为采用的是非接触式测量，所以壳体的厚度直接和传感器的测量距离有关，壳体如果太厚有可能采集不到脉冲信号。在满足流量计压力等条件的前提下，壳体应该是越薄越好。传感器在流量计壳体上的安装孔有平面和锥面两种形式，针对以上要求，可采用平面式和锥度式两种测试帽，各安装孔的结构尺寸如图7-6和图7-7所示。各测试帽的样式、规格以及材料见表7-1。

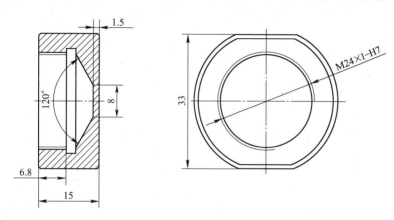

图7-6 锥度式安装孔的结构尺寸图

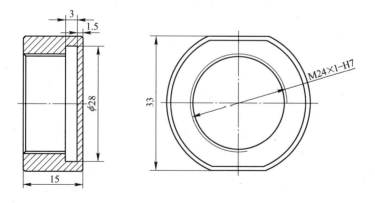

图7-7 平面式安装孔的结构尺寸图

表7-1 测试帽（壳体）规格

材料 样式	铝合金（AlCuMgPb） 厚度/mm	45号钢 厚度/mm	工程材料S1000 厚度/mm	AISI 316 厚度/mm
锥度式	0.5, 1, 1.5, 2	1	1, 1.5, 2	0.5, 1, 1.5, 2
平面式	0.5, 1, 1.5, 2, 3	1, 1.5, 2, 3	1, 1.5, 2, 3	0.5, 1, 1.5, 2, 3

7.2　齿轮流量计转速信号采集

在齿轮流量计中，对流量信号的采集是由转速传感器实现的，传感器分别为霍尔传感器、磁电式传感器和电感式传感器。对于流量信号的采集只有传感器是不够的，传感器只能起到检测到信号的作用，要有相应的硬件和软件来对信号进行采集和处理等，例如数据采集卡。硬件部分我们主要用声卡来代替采集卡，因为每台计算机上都有声卡，所以硬件部分其实有台计算机就可以了，这样大大降低了实验的成本；软件部分主要通过 LabVIEW 编程语言实现流量计二次仪表的信号采集。

流量信号的采集过程分为频率信号配置输入、采样、声卡释放三步。在进行频率数据采集时，要对声卡的基本参数进行设置，例如通道数、采样数等；参数设置的好坏直接影响到采集的效果，严重时会导致无法测量或测量失真。我们的声卡参数设置为：每通道采样数为 5000，采样率为 22050，采样通道数为双通道，采样位数为 16 位。图 7-8 所示为声卡参数设置。

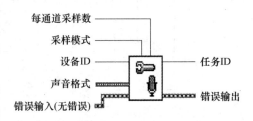

图 7-8　声卡参数设置

对流量信号进行采集之后要对信号进行保存，便于对流量信号进行处理。声卡采集到的信号是带有干扰的复杂频率信号，要把复杂信号转化为流量信号，首先要进行频域分析和时域分析。两种分析实现的前提均为傅里叶变换。时域分析显示的是信息随时间变化的特征，频域分析显示流量信息随时间变化的规律。频域分析和时域分析均采用模块化编程思想，图 7-9 所示为时域分析程序图。

利用 LabVIEW 软件编写了二次仪表采集系统，该系统具有流量信号采集、分析处理和显示等一系列功能。根据传感器的不同，使用的采集软件也不同。电感式传感器使用的是德国 KEM 公司的 Easy Control. ese 采集软件，霍尔传感器和磁感式传感器属于国产产品，采用声卡采集信号。图 7-10 所示为 Easy Control. ese 的采集界面。

从图 7-10 可以看到采集到的脉冲信号波动比较大。Easy Control. ese 的采集界面上显示了脉冲曲线图的实时变化、采样间隔、采样个数、采样频率等，可以对图 7-10 进行保存、绘图等。齿轮产生的脉冲数与齿轮转速成正比例关系，即

$$N = zn \tag{7-1}$$

式中，z 代表齿轮齿数。利用式（7-1）就可以把齿轮的转速信号转换为流量计的脉冲信号，即流量。在齿轮齿数一定的情况下，齿轮转速越大，采集到的脉冲数

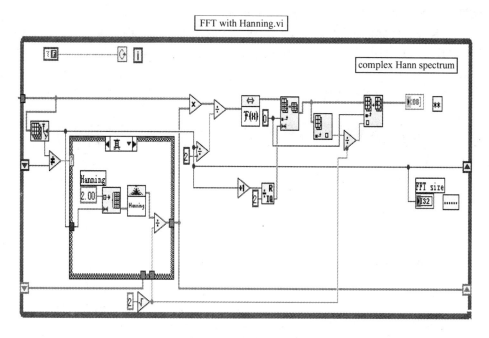

图 7-9 时域分析程序图

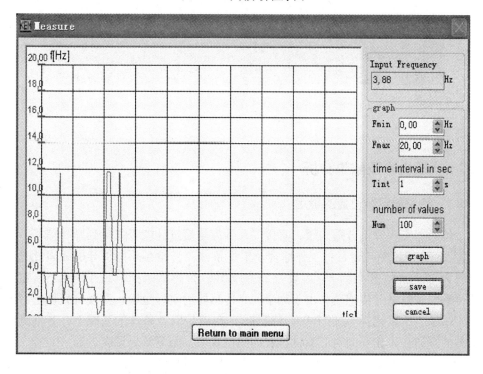

图 7-10 Easy Control. ese 的采集界面

就越多，如果脉冲信号比较平稳，在采集界面上显示的是直线。

声卡采集界面的原理与 Easy Control. ese 的采集原理类似，即 $N = kn$，式中，k 可以代替齿轮的齿数，从采集界面上可以看到脉冲曲线的平稳趋势、k 值、实时频率、时间以及幅值，点击界面上的 stop 键就可以对脉冲曲线进行数据保存。图 7-11 所示为声卡采集界面。

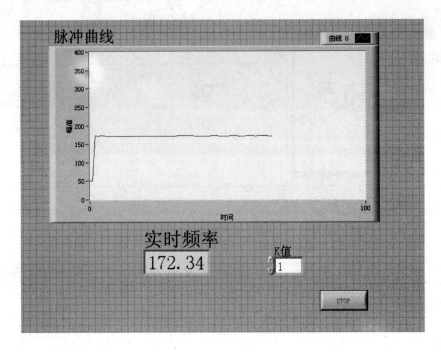

图 7-11　声卡采集界面

7.3　实验内容及结果分析

7.3.1　传感器安装位置的确定

传感器安装位置合适与否，直接关系到齿轮流量计能否采集到脉冲信号。第 2 章已经介绍齿轮流量计的工作原理及工作条件，齿轮必须能够导磁。因此选择材料为 45 号钢、模数为 2、齿数为 25 的齿轮；传感器选择电感式传感器、霍尔式传感器和磁电式传感器；由于测量的是传感器的安装位置，有没有壳体不影响实验结果，所以选择不加测试帽（壳体）。在满足以上条件的基础上，分别测试三种传感器在齿轮径向对应测试位置的测量效果。测量结果见表 7-2。

表 7-2 所列为传感器位于齿顶圆外侧、齿顶圆与分度圆之间、分度圆处、分度圆与齿根圆之间、齿根圆内侧几个测试位置的测量结果。根据表 7-2 以及在实

验中采集的齿轮脉冲曲线图可以得出：传感器的正中心位于齿顶圆以内与齿根圆以外的位置，测量到的效果都很好，脉冲曲线平稳，靠近齿根圆的位置测量效果差一些，位于分度圆两侧的地方测试效果最好，所以在加工流量计时预留的安装孔位置就位于齿顶圆与分度圆之间。图7-12所示为三齿轮流量计传感器安装位置示意图。从图上可以看出，传感器安装孔1的中心位于齿轮2的齿顶线和分度线之间。

表7-2　传感器探头对应测试位置的效果

传感器位置	效　果	是否可取
齿顶圆外侧	很差	否
齿顶圆与分度圆之间	特别好	是
分度圆处	非常好	是
分度圆与齿根圆之间	较好	是
齿根圆内侧	差	否

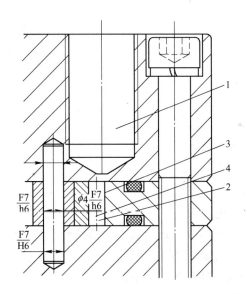

图7-12　三齿轮流量计传感器安装位置示意图
1—传感器安装孔；2—齿轮；3—齿顶线；4—分度线

7.3.2　传感器测试距离的确定

传感器的测试距离是指传感器能感应到流量信号的最大距离。测试距离影响着安装孔的位置、壳体的厚度等。这里选择应用在高压齿轮泵上的传感器，它的压力高，为了安全考虑，壳体就要厚一些，但是如果壳体增厚了，有可能超过传感器的感应距离或者影响流量信号的采集；另外流量计壳体增厚，它的重量、成本必然都会增加；所以，在满足流量计工作环境的前提下，必须要确定传感器最大测试距离，然后进一步确定流量计壳体的厚度、材料。本实验台所做实验均以端面测量为主。

本实验通过在不加测试帽的情况下，测试传感器的测试距离；再在加测试帽的情况下，测试传感器的测试距离；两者的差值就是流量计壳体的厚度。

7.3.2.1　三种传感器的最大测试距离

本实验分为两种情况，一种是不加测试帽（壳体），一种是加测试帽（壳体），测试帽均为不导磁材料。在不考虑齿轮材料、齿数、模数、转速等的条件下，对三种传感器进行端面测量，得出三种传感器的最大测试距离。本实验齿轮选择模数为 2、齿数为 25 的导磁材料 45 号钢，频率为 30Hz（相当于 900r/min）。实验结果见表 7-3。

表 7-3　传感器在不同隔板的测试最大距离　　　　　　　　　（mm）

传感器种类 隔板材料	电 感 式	磁 电 式	霍 尔 式
无测试帽（壳体）	2.0	5.0	1.5
不锈钢 316	1.5	3.0	0.5
铝合金	2.0	3.0	1.0
尼 龙	1.5	3.0	0.1

在传感器最大测试距离的实验中，可以得到以下结论：

（1）在没有测试帽（壳体）的情况下，磁电传感器的测试距离为 5mm，霍尔传感器和电感式传感器的测试距离分别为 1.5mm 和 2.0mm。从这个实验数据来看，磁电式传感器的最大测量距离最大，在这个测试距离内采集到的脉冲信号准确，脉冲曲线平稳。图 7-13 所示为磁电式传感器在测试距离为 5mm 时的流量曲线图。所以在不考虑壳体厚度的情况下，选择磁电式传感器。

（2）在有测试帽（壳体）的情况下，选择了不锈钢 316、铝合金和尼龙三种不导磁材加工的测试帽（壳体），流量计壳体材料不能为导磁材料，因为齿轮的磁场和壳体的磁场可能混乱，导致传感器信号采集混乱，甚至采集不到信号。电感式传感器对三种材料的测试距离分别是 1.5mm，2mm，1.5mm，磁电式传感器对三种材料的测试距离分别是 3.0mm，3.0mm，3.0mm，霍尔式传感器对三种材料的测试距离分别是 0.5mm，1.0mm，0.5mm。从实验数据来看，霍尔式传感器对材料的穿透性最差，电感式穿透性居中，磁电式穿透性最好，所以从穿透性角度，传感器首选磁电式；从传感器价格角度，磁电式和霍尔式是国产产品，价格相对较低，电感式是进口产品，价格高；所以综合来说，无论有没有测试帽（壳

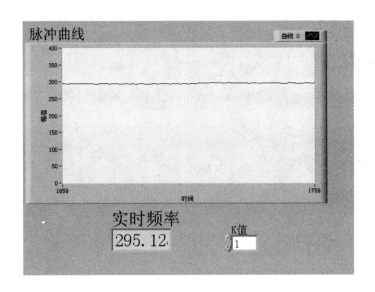

图 7-13　磁电式传感器流量曲线图

体），传感器最终选择磁电式传感器。

（3）三种传感器对不锈钢 316 的测试距离分别是 1.5mm，3.0mm，0.5mm，对铝合金的测试距离分别是 2.0mm，3.0mm，1.0mm，对尼龙的测试距离分别是 1.5mm，3.0mm，0.1mm。根据以上数据分析，从材料角度，三种传感器对铝合金的穿透力要强于不锈钢 316 和尼龙；已加工的齿轮流量计壳体材料为不锈钢 316，综合传感器、材料的价格、特性、重量等等，流量计壳体的材料在以后的加工中首选铝合金。

（4）磁电式传感器在不加测试帽的情况下，最大测试距离为 5.0mm，在加测试帽铝合金的情况下，最大测试距离为 3.0mm，两者的差值为 2mm，就说明流量计壳体的厚度为 2mm。

7.3.2.2　流量计安装孔样式对传感器测试距离的影响

现在已经确定了传感器为磁电式传感器，流量计壳体为不导磁材料，最佳材料为铝合金，齿轮材料为导磁性材料。传感器安装孔有平面式和锥度式两种，现在确定安装孔样式对传感器测试距离的影响。

本实验中用铝合金材料加工了各种不同规格的测试帽（壳体），图 7-14（a）所示为锥度式测试帽，测试帽的规格如图上编号所示，例如 Al-V-0.5，M24×1 表示意思为：材料-锥度式-模数，公称直径×螺距；图 7-14（b）所示为平面式测试帽，测试帽的规格如图上编号所示，例如 Al-0.5，M24×1 表示意思为：材料-平面式（省略）-模数，公称直径×螺距。

现在选取传感器为磁电式传感器，齿轮仍为材料为 45 号钢、模数为

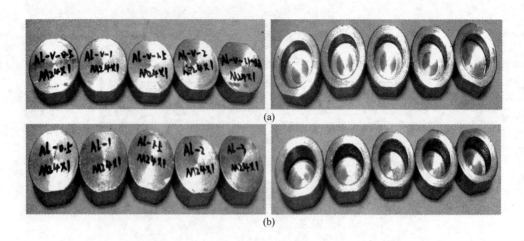

图 7-14　铝合金测试帽实物图

2、齿数为 25 的齿轮，频率为 30Hz（相当于转速 900r/min）。测试帽（壳体）材料为铝合金，测试各种厚度下铝合金测试帽的测试距离。其测量结果见表 7-4。

表 7-4　测试帽样式对测试距离的影响　　　　　　　　　　（mm）

测试帽厚度样式	平 面 式	锥 度 式
0.5	3.0	3.0
1	3.0	3.0
1.5	2.8	2.7
2	2.4	2.5

　　从表 7-4 所列实验数据来分析，在测试帽厚度相同的情况下，测试帽是锥度式的还是平面式的，对测量距离的影响都不大。所以在选择传感器安装孔形式时，对测试距离的影响不做主要考虑，多数只根据传感器探头的形式来选择，现在市场上有平头和锥头（118°的锥角）两种，锥头式的应用较多。

7.3.2.3　齿轮模数对传感器测试距离的影响

　　传感器的种类、安装孔的样式，测试帽（壳体）的材料、规格，齿轮的材料等因素对传感器测试距离的影响都已经做过讨论。本节对齿轮模数对传感器测试距离的影响进行分析。

　　选取传感器为磁电式传感器，齿轮材料为强导磁材料 45 号钢，测试帽（壳体）的材料为铝合金、厚度 0.5mm、平面式（因为磁电式传感器的探头为平头），频率为 30Hz（相当于转速 900r/min），在这样的实验条件下，测试齿轮模数对传感器测试距离的影响。齿数相同、模数不同，选取齿数为10，按照模数选取标准，模数选择结果是1，1.5，2，2.5，3，其测量结果见表7-5。

表7-5 齿轮模数对测试距离的影响

壳体材料模数	1	1.5	2	2.5	3
无测试帽（壳体）时测试距离/mm	3.0	3.5	5.0	6.0	7.5
铝合金时测试距离/mm	0.5	2	3.0	4.5	5

从表7-5分析得：无测试帽（壳体）时，随着模数的增大，传感器的测试距离增大；壳体材料为铝合金时，测试距离也随着模数的增大而增大。也就是说，如果齿轮流量计中的齿轮模数比较大，那么流量计壳体的厚度就可以增加，从而增加流量计的受压能力，确保使用安全。具体厚度可以增加多少，还没有具体的规律，但是目前可以根据我们的实验结果来增加。例如，齿轮模数是1时测量距离是0.5mm，模数是1.5时测量距离是2mm，那么从理论上来说，流量计壳体的厚度就可以增加1.5mm。

7.3.3 不导磁材料在不同磁钢强度下的测试距离

齿轮流量计的齿轮必须为导磁材料，导磁性的好坏直接影响转速信号的测量。对于不导磁材料或者是导磁性差的材料，传感器转速信号的采集效果很差，甚至采集不到信号。有时为了降低成本或者是利用某种不导磁材料的特殊性能（例如防锈），必须要使用某种不导磁材料加工齿轮时，就要对不导磁材料做响应处理，使其具有磁性。采用的方法是要在不导磁齿轮材料上埋入磁钢。本实验加工了一些磁钢，加工的磁钢均为圆柱形，磁钢的尺寸及每个磁钢的磁场强度见表7-6。

表7-6 磁钢规格表

磁钢尺寸/mm	磁钢磁场强度/T	磁钢尺寸/mm	磁钢磁场强度/T
$\phi 1 \times 3$	0.08	$\phi 2.5 \times 5$	0.20
$\phi 1.5 \times 3$	0.08	$\phi 3 \times 5$	0.30
$\phi 2 \times 4$	0.15		

本实验选择传感器为磁电式传感器，齿轮材料为不锈钢304、齿数为20、模数为2，不锈钢304为不导磁材料，在有测试帽（壳体）和无测试帽（壳体）的情况下对比不同磁场强度下传感器测试距离的情况。当有测试帽

（壳体）时，测试帽（壳体）的材料为铝合金、厚度0.5mm、平面式（因为磁电式传感器的探头为平头）。磁钢的布置示意图如图7-15所示，测量结果见表7-7。

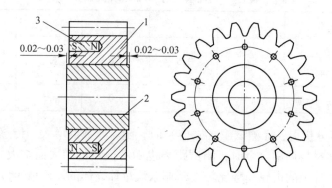

图7-15　齿轮磁钢布置示意图

表7-7　不导磁材料加不同磁钢测试距离对比　　　　　　　　　　（mm）

磁场强度/T 测试帽材料	0.08(ϕ1×3)	0.08（ϕ1.5×3）	0.15	0.20	0.30
无测试帽（壳体）	2.5	2.5	3.0	3.2	4.5
铝合金	1.0	1.0	1.5	2.0	3.0

对表7-7分析可得，随着磁钢磁场强度的增加，传感器测试距离也随着增加。在磁场强度为0.08T（ϕ1×3和ϕ1.5×3），无测试帽（壳体）时，传感器的测试距离均为2.5mm；在磁场强度同为0.08T（ϕ1×3和ϕ1.5×3），测试帽（壳体）材料为铝合金时，传感器的测试距离均为1.0mm。这就说明传感器的测试距离只和磁场的强度有关而与磁钢的形状尺寸无关。关于磁钢的布置位置，7.3.1节介绍过在齿轮材料为导磁材料时，传感器在齿轮分度圆位置采集到的脉冲信号最准确、脉冲曲线最平稳，所以把磁钢均布在齿轮分度圆上。关于磁钢的排列间距，当磁钢排列过密时，相互之间的磁场就会相互干涉，对转速信号产生干扰，所以不能排列过密。具体的排列个数目前是根据工厂的加工经验确定的，建议以后采用正交实验法来确定磁钢的排列个数。

7.4　实验样机设计

7.4.1　实验样机结构形式的确定

在确定实验样机的结构形式时，应考虑以下几个问题：

（1）径向不平衡力问题。径向力大了，除了降低轴承寿命，还会使齿轮轴的变形加大，出现刮壳现象。为了减轻刮壳现象，必须相应加大齿顶和壳体间隙，这又导致泄漏的增加，测量误差增大。再者，径向力大了，设计时需将轴承相应加大，使得整个流量计的尺寸加大，重量增加。在齿轮泵设计中，由于进、出油口压差较大，径向力不平衡严重，但对于三型行星齿轮流量计，由于进、出油口压差很小，径向不平衡力可以忽略不计。

（2）采用齿轮轴还是做成空转齿轮。齿轮轴的优点是结构紧凑，而且装配方便。将齿轮做成空转齿轮，其优点是加工工艺性好，齿轮侧面加工容易，在平面磨床上很容易加工相同齿宽，降低齿轮的转动惯量。由于流量计没有机械输入，将中心齿轮和径向齿轮都做成空转齿轮形式，可以降低流量计的转动惯量，提高流量计的动态性能。本设计采用空转齿轮结构。

（3）采用滚针轴承还是滑动轴承。滚针轴承的优点是工作时摩擦系数小，起动摩擦力矩小，机械效率高；既适用低转速也适合高转速；能在较大的温度范围内工作；抗杂质和污染能力强。其缺点是，工作时噪声大；轴承尺寸较大；结构布置不便等。滑动轴承的优点是结构简单；安装方便；工作中噪声低；抗冲击性能好；价格比较便宜；只要材质和加工精度选择恰当，润滑条件好，就能承载相当高的负载。其缺点是，抗污染能力差，在高温时油膜强度低，易烧坏，起动时摩擦力矩大。本设计由于齿轮直径较小，所以选择滑动轴承（铜背复合材料轴承）。

（4）配流盘的具体结构形式。从流量计油腔引至配流盘外端面的油液，作用在有一定形状和大小的面积 A_1 上，其合力 F_1 为：

$$F_1 = p_1 A_1 \tag{7-2}$$

式中，p_1 为流量计进油腔压力，MPa。此力将配流盘压向齿轮端面，其大小与流量计的工作压力成正比。齿轮端面的液压力作用在配流盘内端面的作用力 F_2 为：

$$F_2 = p_2 A_2 \tag{7-3}$$

式中，A_2 为等效面积，mm^2；p_2 为作用在 A_2 上的平均液压力，MPa。

流量计在起动时，配流盘在弹性元件（橡胶密封圈）的弹力作用 F_t 的作用下，贴紧齿轮端面以保证密封。但为了保证配流盘与齿轮端面之间可以形成适当的油膜，压紧力 $F_t + F_1$ 与力 F_2 的比值不应太大，一般保证其比值在 1～1.05之间。

三型行星齿轮流量计的配流盘上需要开三个径向齿轮轴定位孔和一个中心齿轮轴定位孔，此外由于三型行星齿轮流量计有三个进油口和三个出油口，所以分别在进、出油两个配流盘上加工三个进油口和三个出油口。

7.4.2 材料和技术要求

7.4.2.1 齿轮

齿轮材料采用 20CrMnTi，齿轮毛坯锻造时不得有过烧、裂纹等缺陷，热处理为渗碳淬火，精加工后渗碳层为 0.9 ~ 1.2mm，表面硬度 58 ~ 64HRC，芯部硬度 34 ~ 47HRC。

齿轮的加工图如图 7-16 所示，主要技术要求有齿轮齿形精度、齿轮端面表面粗糙度、端面圆跳动、齿顶圆迟钝精度、内孔尺寸精度、内孔表面粗糙度和形位公差精度等内容。

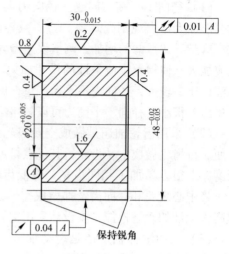

图 7-16　齿轮的加工图

7.4.2.2 壳体

壳体采用铝合金材料。壳体加工的主要技术要求是定位销孔的尺寸精度和位置精度、五个内孔的尺寸精度、五个内孔轴线的位置精度、五个内孔轴线对两平面的垂直度、两平面的平行度、两平面表面粗糙度、螺栓孔的位置精度等。

7.4.2.3 前后端盖

前后端盖也采用 45 号钢。其主要技术要求是定位销孔的尺寸精度、定位销孔轴线的位置精度、螺栓孔的位置精度等。

7.4.3 样机模型

最终的样机装配体如图 7-17 所示。进出油口分别在上、下端盖，中间壳体安装齿速传感器，用以测量流量计的转速。

7.5 流量计校准实验台

本次流量计校准实验台是利用安徽理工大学液压综合实验台的泵加载实验台，该实验台是由变频器、直流电机、柱塞泵、安全阀、溢流阀和流量计等组成的液压系统。

该实验台是一较大型的综合性液压实验装置，装机总功率达 125kW，含有泵加载实验台，马达加载实验台，阀的动、静态实验台，油缸加载实验台。本实验中，

图 7-17　实验样机

泵加载实验台是利用55kW的变频直流电机驱动,可方便地实现泵流量的改变,装置配有较先进的参量测量仪表,主要参量由传感(变送)器及二次仪表测量,并由计算机进行数据采集与处理。

液压系统原理图如图7-18所示,实验流程框图如图7-19所示。实验液压油为46号液压油,实验台油泵电机采用变频器调速。

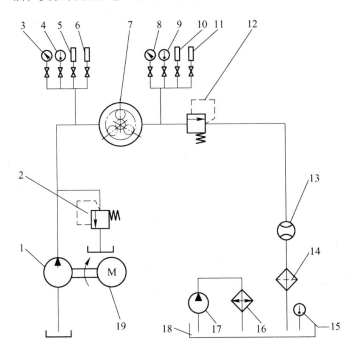

图 7-18 液压系统原理图

1—泵;2,12—溢流阀;3,8—压力计;4,9,15—温度计;5,10—压力传感器;

6,11—温度传感器;7—流量计样机;13—标准流量计;14—滤油器;

16—热交换器;17—油泵;18—油箱;19—变频电机

变频器选用的是ABB公司变频调速器,可通过变频器的操作界面设定工作参数及显示电机转速、频率和电流等参数。变频器的型号为ACS800,输入电压为380V;配用电机的最大容量为55kW;电机选用的是变频调速三相异步电机,型号为YVP250M-4,编号为002,级数为4,额定扭矩为350N·m,恒转矩调速为5~50Hz,恒功率调速为5~100Hz。

传感器的输出信号经信号综合处理仪送入A/D转换器,接入工控机,工控机经D/A输出控制信号给变频器和比例阀。数据采集卡采用研华PCL—711B。图7-20~图7-23为实验设备的照片。

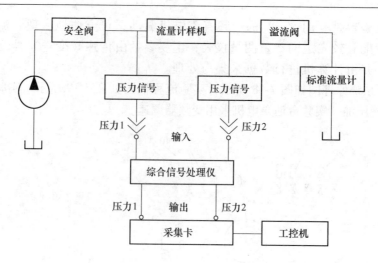

图 7-19　实验流程框图

图 7-20　泵、电机及信号综合处理仪

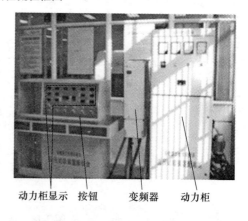

图 7-21　变频器及动力柜

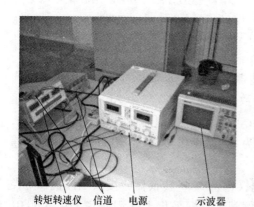

图 7-22　实验设备

图 7-23　工控机及控制器

7.6 实验设计及信号采集

为了研究流量计的进、出油口压力变化与脉动，通过改变电机转速来实现柱塞泵流量的变化，同时调节回路中的溢流阀出口压力，实现对泵的加载。回路中安置了椭圆齿轮流量计实现流量的测量，同时流量计进、出油口都装有压力传感器来观测液压回路中的压力变化。综合信号处理仪将传感器输出的直流电流信号转换为电压信号后，通过信号线输入到内嵌入工控机的采集卡中，实现数据的采集。流量计接入液压回路的实物照片如图 7-24 所示，数据采集软件界面和数据采集界面如图 7-25 和图 7-26 所示。

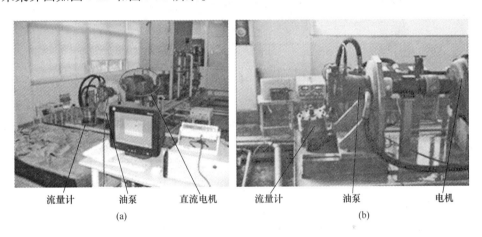

| 流量计 | 油泵 | 直流电机 | | 流量计 | 油泵 | 电机 |
| (a) | | | | (b) | | |

图 7-24　三型齿轮流量计实验现场

（a）数据采集；（b）流量计接入液压回路

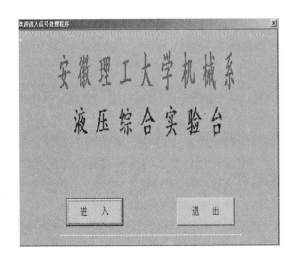

图 7-25　信号采集程序初始化

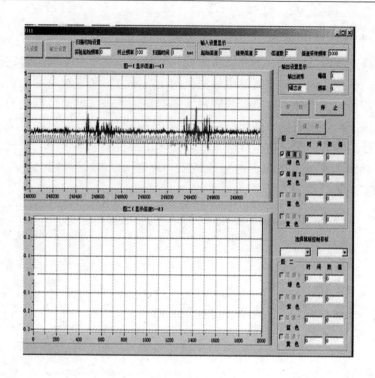

图 7-26　信号采集界面

设计的流量计为高压动态流量计，因此液压回路系统压力变化范围为 0 ~ 16MPa，电机转速为 400 ~ 1500r/min。

同时，采集到的压力数据经动态信号 DDP 分析软件进行必要的处理，DDP 分析软件的界面如图 7-27 所示。

7.6.1　流量计仪表系数标定实验

7.6.1.1　实验原理

流量计的一个重要参数即流量仪表的标定。本实验采用测量齿轮转速的方法来标定三型行星齿轮流量计。当流体进入三型行星齿轮流量计时，推动齿轮旋转，齿轮转动时，内齿轮测速齿每经过 GTS 系列的非接触式齿轮传感器，流量计发出一个电脉冲信号。根据流量计发出的脉冲数可以测量流体的累积流量，根据脉冲信号的频率可以测量流体的瞬时流量。

根据测量原理，流量计仪表系数的计算公式为：

$$k = \frac{f}{q} = \frac{p}{v} \tag{7-4}$$

式中，k 为流量计的仪表系数；f 为流量计输出频率，Hz；q 为经过流量计的液体

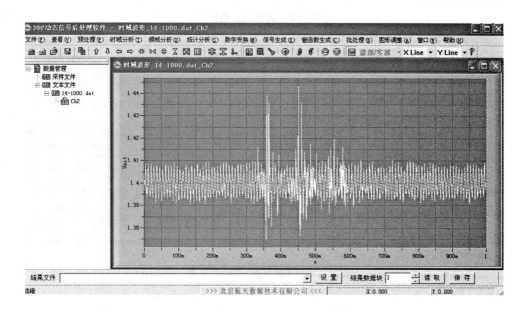

图 7-27 DDP 动态信号分析软件

体积流量，L/min；p 为流量计的脉冲数；v 为流过流量计的流体体积，L。

流量计的线性度（基本误差）由下式表示：

$$\delta = \frac{k_{\min} - k_{\max}}{k_{\min} + k_{\max}} \tag{7-5}$$

式中，$k_{\max}$，$k_{\min}$ 为在流量计的测量范围内仪表系数的最大值和最小值。

GTS 系列的非接触式齿轮传感器安装在壳体上，用来检测内齿轮外圈的齿数变化，当齿轮传感器与被测齿轮之间有相对转动时，传感器就会产生脉冲信号，对这些脉冲信号经过信号处理并送到 AT89S52 单片机进行容积和脉冲换算和处理，最后由 LCD 显示流量，完成流量测量。

7.6.1.2 实验结果分析

实验通过调节变频电机的转速，分别记录下流量计所用的时间，为了减少测量误差，每组数据做三遍，分别记录下时间 t_1，t_2，t_3，取平均值 t。测得在不同转速下流量计的流量见表 7-8。利用 GTS 齿轮速度传感器测得脉冲频率范围为 $39.97 \sim 142.43\,\mathrm{Hz}$（见表 7-9），最后经计算绘制三型行星齿轮流量计的仪表系数 K 值曲线，如图 7-28 所示。

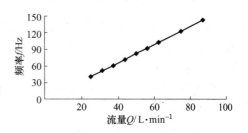

图 7-28 仪表系数 K 值曲线

表 7-8　实验流量数据

电机转速/r·min^{-1}	t_1/s	t_2/s	t_3/s	t/s	流量 Q/L·min^{-1}
400	120.12	120.28	120.24	120.213	24.95563443
500	96.19	96.02	96.21	96.14	31.20449345
600	80.15	80.2	80.17	80.1733	37.41892566
700	68.82	68.72	68.8	68.78	43.61733062
800	60.11	60.09	60.12	60.1067	49.91126886
900	53.45	53.43	53.46	53.4467	56.13072222
1000	48.12	48.12	48.14	48.1267	62.33550353
1200	40.1	40.14	40.12	40.12	74.77567298
1400	34.52	34.59	34.56	34.5567	86.81392881

表 7-9　仪表系数测量数据

序　号	流量 Q/L·min^{-1}	频率 f/Hz	仪表系数 K
1	86.81	142.43	98.44258
2	74.78	122.37	98.18401
3	62.34	102.18	98.34456
4	56.13	91.76	98.08658
5	49.91	81.74	98.26488
6	43.62	71.46	98.29436
7	37.42	61.2	98.12934
8	31.2	50.78	97.65385
9	24.96	39.97	96.08173

　　由图 7-28 可以看出，三型行星齿轮流量计在 25~87L/min 的测试中，K 值基本恒定（在小流量范围略有波动），误差系数 δ 约为 0.4%，小于 0.5%，可满足流量仪表测量的要求。

7.6.2　压力损失及压力脉动实验

　　为了研究压力脉动与负载压力的变化关系，将电机转速调至某一值保持不变，然后改变溢流阀出口压力，将电机转速分别记录下来，对流量计进、出口压力信号进行采集。

　　压力从 2MPa 逐渐加至 14MPa，将数据采集卡保存的 .dat 文件保存以便下面进行处理。

　　当压力分别为 2MPa，5MPa，8MPa，11MPa 和 14MPa 时，得到各条流量-压力降关系曲线，如图 7-29~图 7-33 所示。

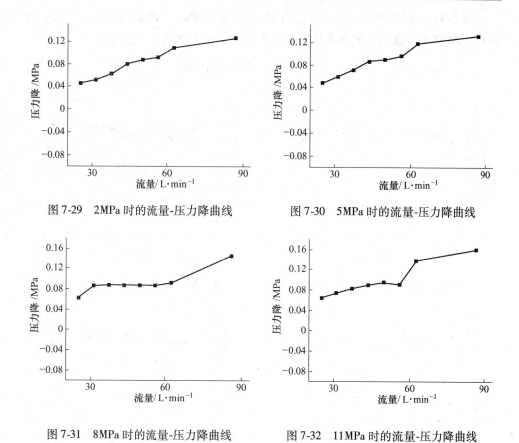

图 7-29 2MPa 时的流量-压力降曲线　　图 7-30 5MPa 时的流量-压力降曲线

图 7-31 8MPa 时的流量-压力降曲线　　图 7-32 11MPa 时的流量-压力降曲线

将不同压力时的流量-压力降曲线画在同一坐标系下，如图 7-34 所示。

实验结果表明，压力恒定时，随着流量的增加，压力降增加。经过对 2MPa，5MPa，8MPa，11MPa 和 14MPa 时的压力降数据进行求平均值后，可以得到，压力降大约为 0.1MPa。

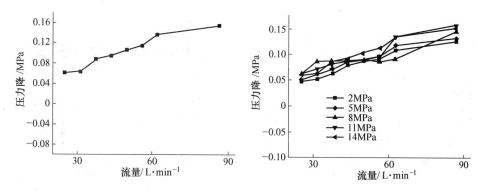

图 7-33 14MPa 时的流量-压力降曲线　　图 7-34 不同系统压力时的流量-压力降曲线

图 7-35 ～ 图 7-39 所示分别为负载压力为 2MPa, 5MPa, 8MPa, 11MPa 和 14MPa 时的压力脉动与流量变化间的关系曲线。压力脉动由下式确定:

$$\delta_p = \frac{2(p_{max} - p_{min})}{p_{max} + p_{min}} \times 100\% \qquad (7\text{-}6)$$

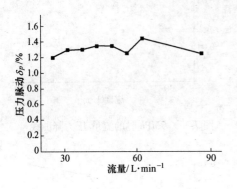

图 7-35　2MPa 时的压力脉动曲线　　　　图 7-36　5MPa 时的压力脉动曲线

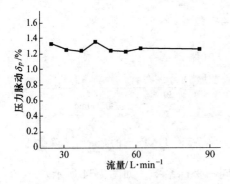
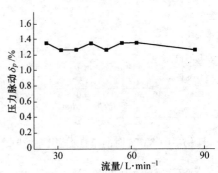

图 7-37　8MPa 时的压力脉动曲线　　　　图 7-38　11MPa 时的压力脉动曲线

图 7-40 所示为在各种负载压力下测得的三型行星齿轮流量计压力脉动随流

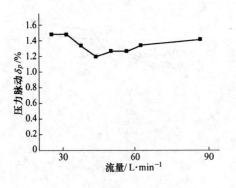
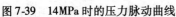
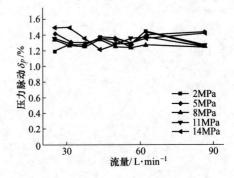

图 7-39　14MPa 时的压力脉动曲线　　　　图 7-40　各种压力时的压力脉动叠加图

量变化的叠加图，由图 7-40 可得，压力脉动系数 δ_p 与压力 p 和流量 Q 无关，仅和齿轮齿数相关，齿轮齿数选定后，压力脉动系数大约在 1.4% 左右，而普通齿轮流量计的流量脉动一般为 10% ~ 15%，因此该实验很好地验证了三型行星齿轮流量计低脉动这一特点，与理论相符合。

7.7 动态液压缸实验台

动态液压缸实验台的组成原理如图 7-41 所示。启动自耦电机 17 或 19 从油箱吸油，本实验的自耦电机 17 为大泵，功率为 55kW，自耦电机 19 为小泵，功率为 11kW，实验时根据系统需要选择大泵供油或者小泵供油，亦可双泵合流同时给系统供油。调节放大器的偏置电压以控制油缸的运动，动态油缸的速度和位移信号经过综合信号处理仪传送至工控机，采集卡采集到速度和位移信号，经程序处理可得流量计的动态流量信号。

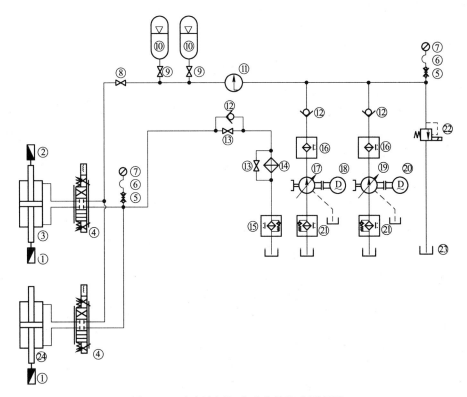

图 7-41　动态液压缸实验台的组成原理图

1—速度传感器；2—位移传感器（SD-200）；3—动态液压缸；4—伺服阀；5—测压接头；6—测压软管；7—压力表（0~4MPa）；8—球阀（DN32）；9—球阀（DN20）；10—蓄能器；11—三型行星齿轮流量计；12—单向阀；13—球阀（DN40）；14—空气冷却器；15—回油过滤器；16—压力过滤器；17—轴向柱塞泵（大泵）；18—电机（55kW）；19—轴向柱塞泵（小泵）；20—电机（11kW）；21—吸油过滤器；22—电磁溢流阀；23—油箱；24—静态液压缸

在电液伺服阀实验台上用电液伺服阀作为控制器测试流量计的动态特性。由信号发生器发出任意频率和幅值的正弦信号，测量液压缸的动态速度和位移值，并按式（7-6）推算出不同测试频率下的流量。

$$Q_t = V_t A t \qquad (7\text{-}7)$$

式中，Q_t 为动态流量，L/min；V_t 为动态速度，dm/min；A 为液压缸活塞面积，dm^2；t 为测试时间，min。

7.8 流量计动态信号实验台

流量计动态信号实验台的组成原理如图 7-42 所示。该实验台通过三通截止阀 18 将液压系统分成两部分。当三通截止阀 18 把油路通向左半液压系统时，液压油经过流量计 11 进入不锈钢桶 22，由电子秤 23 累计某一时间段的液压油质量，再通过公式换算成流量，从而可以精确得出流量计 11 的平均流量，对流量计进行标定。这种对流量计标定的方法为称重标定法，相比以往所使用的容积标定法更加准确。

当三通截止阀 18 把油路通向右半液压系统时，液压油依此经过伺服阀 4、手动换向阀 5 以及分别并联着溢流阀 7 和流量计 10 的两个单向阀组来控制液压缸20 活塞杆的运动。由于伺服阀 4 的高频换向信号使得液压缸 20 活塞杆高速换向，液压系统中的液压油也高频换向。流量计的流量信号和动态油缸的位移信号各自经过综合信号处理仪传送至工控机，采集卡采集到信号经程序处理可得流量计的

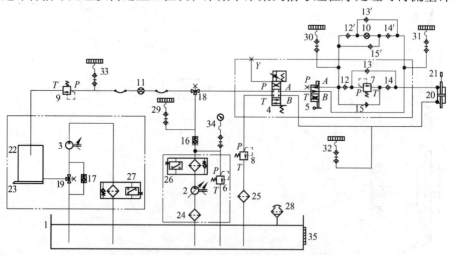

图 7-42　流量计动态信号试验台的组成原理图

1—机柜；2—高压柱塞变量泵；3—齿轮泵；4—伺服阀；5—手动换向阀；6~9—直动溢流阀；
10，11—流量计；12~15—板式单向阀；16，17—管式单向阀；18，19—三通截止阀；
20—双出杆液压油缸；21—位移传感器；22—不锈钢桶；23—电子秤；24，25—网式
滤油器；26，27—高压管式过滤器；28—空气过滤器；29~33—数显压力传感器；
34—机械压力表；35—液温液位计

动态流量信号，再进行对比、校正。

综上所述，该流量计动态信号实验台主要为了对我们之前试制的流量计样机进行性能实验，从理论和实验上验证该类流量计应用于液压系统高压侧动态流量测量的可行性。实验台的系统压力、流量完全和真实环境一样。该试验台除了能对流量计在不同压力下进行标定实验外，还能对齿轮流量计在系统高压侧进行动态性能实验。图 7-43 所示为实验台流程图。图 7-44 所示为本书中设计的流量计动态信号实验台实物图。

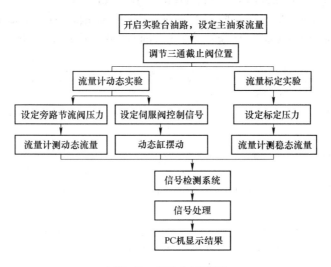

图 7-43 实验台流程图

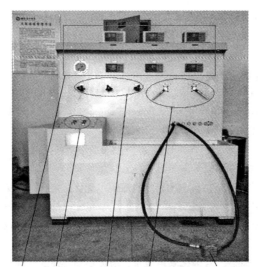

压力显示　开关按钮　压力调节　三通截止阀调节　标定流量计

图 7-44 流量计动态信号实验台

参 考 文 献

[1] Takashi M T. Development of a digital control system for high-performance pneumatic servo valve [J]. Precision Engineering, 2006, 31(2): 156 ~ 161.

[2] S L Y. Dynamic response of a hydraulic servo-valve torque motor with magnetic fluids[J]. Mechatronics, 2007, 17(8): 442 ~ 447.

[3] Francisco Rovira-M Q Z. Dynamic behavior of an electrohydraulic valve: Typology of characteristic curves[J]. Mechatronics, 2007, 17(10): 551 ~ 561.

[4] Min Y K. An experimental study on the optimization of controller gains for an electro-hydraulic servo system using evolution strategies[J]. Control Engineering Practice, 2006, 14(2): 137 ~ 147.

[5] 唐勇, 王益群, 王宏艳. 一种基于动态流量软测量技术的液压伺服系统故障诊断方法 [J]. 中国机械工程, 2003, 14(16): 1384 ~ 1386.

[6] 姜万录, 孙红梅, 高明. 基于超声检测的动态流量测试技术研究[J]. 机床与液压, 2004 (10): 227 ~ 229.

[7] 姜万录, 孙红梅, 牛慧峰, 等. 相关法虚拟动态流量计的研制及试验研究[J]. 传感技术 学报, 2007, 20(1): 228 ~ 232.

[8] Vitaly A Z. Estimation of hydraulic conductivity from borehole flowmeter tests considering head losses[J]. Journal of Hydrology, 2003, 281(1 ~ 2): 115 ~ 128.

[9] Mkabaci J P. Numerical and experimental research on new cross-sections of averaging Pitot tubes [J]. Flow Measurement and Instrumentation, 2008, 19(1): 17 ~ 27.

[10] 郭仁东, 高彦平, 滕凌, 等. 压差式管道流量计设计[J]. 沈阳大学学报, 2005, 17 (6): 3 ~ 5.

[11] Gear-type flow meter from Kracht[J]. World Pumps, 2005(467).

[12] 张斌, 徐兵, 马吉恩, 等. 液压领域中的高精度流量计——容积式流量计[J]. 液压与 气动, 2005(3): 54 ~ 58.

[13] C C M. The dynamic performance of a new ultra-fast response Coriolis flow meter[J]. Flow Measurement and Instrumentation, 2006, 17(6): 391 ~ 398.

[14] M W H. Nonlinearities in ultrasonic flow measurement[J]. Flow Measurement and Instrumentation, 2008, 19(2): 79 ~ 84.

[15] 刘存, 魏永广, 窦曦光, 等. 提高超声流量计性能的方法[J]. 沈阳工业大学学报, 1999, 21(2): 146 ~ 148.

[16] 卢杰, 谭士明. 多通超声波气体流量计的原理及标定[J]. 仪器仪表学报, 2001, 22 (z2): 130 ~ 131.

[17] 李晓强, 高丽红, 王正垠. 一种高精度超声波流量计时间测量方法[J]. 计量技术, 2004(6): 6 ~ 7, 12.

[18] 彭杰纲, 傅新, 陈鹰. 双钝体涡街流量计流体振动特性的试验研究[J]. 机械工程学报, 2002, 38(8): 23 ~ 26.

[19] Thomas P P. A novel experimental technique for accurate mass flow rate measurement[J].

Flow Measurement and Instrumentation，2008，19(5)：251～259.

［20］牛鹏辉，涂亚庆，张海涛. 科里奥利质量流量计的数字信号处理方法现状分析［J］. 自动化与仪器仪表，2005(4)：1～36.

［21］陈钢，马银亮，傅周东，等. 动态流量计及其应用［J］. 计量学报，1997(10)：245～251.

［22］傅周东，路甬祥. 耐高压动态流量计的研究［J］. 液压与气动，1986(2)：2～9.

［23］刘涛，姜万录，王益群. 液压实验中动态流量测试技术的现状与展望［J］. 机床与液压，2002(5)：3，4，10.

［24］Robert W N. Chapter 4-Dynamics of Flow［J］. Methods in Stream Ecology (Second Edition)，2007：79～101.

［25］Furness R A. The principles of flowmeter selection［M］. 1991：233～242.

［26］Mangell A. Flow measurement techniques［J］. World Pumps，2008(507)：32～34.

［27］Sanderson M L. Flow Measurement Methods and Applications［J］. Flow Measurement and Instrumentation，1999，10(4)：267～268.

［28］张军，李宪华，许贤良，等. 一种新型容积式复合齿轮动态流量计［J］. 煤矿机械，2005(1)：71～73.

［29］张军，贾瑞清，刘军，等. 新型内齿轮流量计［J］. 煤矿机械，2008，29(10)：110～111.

［30］熊诗波. 液压测试技术［M］. 北京：机械工业出版社，1985.

［31］陈钢，傅周东，吴根茂，等. 动态流量计及其智能优化［J］. 中国机械工程，1994(03)：34～37.

［32］刘涛，王益群，姜万录. 基于软测量技术的虚拟动态流量计的模型研究［J］. 液压与气动，2002(9)：4～5.

［33］王益群，刘涛，姜万录，等. 软测量技术在动态流量测量中的应用［J］. 中国工程机械学报，2004，2(2)：234～238.

［34］杨根生. 流量测量仪表［M］. 北京：机械工业出版社，1986.

［35］王俭，张宏建，周洪亮，等. MSP430F149 单片机在新型电磁流量计中的应用［J］. 机电工程，2006，23(6)：20～21.

［36］徐辰，张宏建，周洪亮，等. 基于 MSP430 单片机的电磁流量计设计［J］. 工业控制计算机，2005，18(6)：66～67.

［37］张平，彭杰纲，傅新，等. 双钝体涡街流量计流体振动特性研究［J］. 机电工程，2001(05)：65～66，72.

［38］潘岚，傅新，彭杰纲. 双钝体涡街流量计的设计与研究［J］. 自动化仪表，2005，26(11)：31，32，43.

［39］杨军，傅新. 双钝体涡街流量计钝体组合的试验研究［J］. 工程设计学报，2003，10(1)：35～38.

［40］孙志强，张宏建. 涡街流量计信号能量的功率谱式表征与应用［J］. 传感技术学报，2007(08)：122～126.

［41］孙志强，张宏建，黄咏梅. 涡街流量计流场特性的数值仿真研究［J］. 自动化仪表，

2004(05)：12～15.

[42] 黎启柏，银兵. 智能化差压式双向流量计的研究[J]. 液压与气压，1997(1)：2，19～22.

[43] 李文宏，裘丽华，王占林. 齿轮流量计动态特性研究[J]. 中国机械工程，2004，15(18)：1614～1617.

[44] 李文宏，裘丽华，王占林，等. 数据重构齿轮流量计动态特性研究[J]. 控制工程，2004，11(z1)：164～167.

[45] 刘彦军，韩义中，张宝珠，等. 圆柱齿轮流量计[C]//2006年全国流量测量学术交流会论文集，郑州，2006.

[46] 陈煜，刘彦军，韩义中，等. 圆柱齿轮流量计的结构原理和关键技术研究[J]. 计测技术，2008，28(z1)：98～100.

[47] 唐勇，王益群，姜万录. 一种用于动态流量软测量系统的神经网络训练方法[J]. 液压与气动，2004(10)：28～30.

[48] 唐勇，王益群，姜万录. 动态流量软测量系统中神经网络训练策略的研究[J]. 流体传动与控制，2004(4)：5～7.

[49] 李吉男，王喜庭. 涡街发生体整体插入式涡街流量计：中国，02242807[P]. 2003-08-27.

[50] 唐贤昭. WV系列抗振型涡街流量计在贸易结算中的应用分析[J]. 中国电机工程学会，2010(1).

[51] 龚振起，唐飞，龚海涛，等. 智能式双涡体涡街流量计的研究[J]. 哈尔滨工业大学学报，1997.

[52] 黄云志，徐科军. 基于IIR小波滤波器的涡街流量计数字信号处理系统[J]. 仪器仪表学报，2007.

[53] 王宏燕. 涡街流量计平均仪表系数测量结果的不确定度评定[J]. 中国计量，2008.

[54] 王峰，鞠文涛，胡亮，等. 自适应FFT功率谱分析在涡街流量计中的应用[J]. 机床与液压，2008.

[55] 刘红艳，石红瑞. 小波阈值滤波在涡街流量计信号处理中的应用[J]. 东华大学学报(自然科学版)，2008.

[56] 黄云志，徐科军. 基于小波滤波器组的涡街流量计信号处理方法[J]. 计量学报，2006.

[57] 兰向东. 涡街流量计应用关键环节的控制[J]. 炼油与化工，2006.

[58] 黄云志，徐科军. 涡街流量计信号处理方法与系统的研究现状[J]. 自动化仪表，2003.

[59] 孟云棠，张艳华. 测量非稳定性流体的超声流量计[J]. 辽宁师专学报(自然科学版)，2001，3(4)：6～8.

[60] 周子民，唐松涛，沈洪远，等. 圆形挡块差压流量计的试验研究[J]. 工业计量，2004，14(1)：21～23.

[61] 乔旭彤，徐立军，董峰. 多电极电磁流量计励磁线圈的优化与设计[J]. 仪器仪表学报，2002，23(z2)：867～869.

[62] 徐立军，王亚，董峰，等. 基于多电极电磁流量计的流速场重建[J]. 自然科学进展，2002，12(5)：524～528.

［63］乔旭彤，徐立军，董峰. 多电极电磁流量计励磁线圈的优化与设计［J］. 仪器仪表学报，2002(9).

［64］李巧真，李宏锁，张涛，等. 一体化插入式涡轮流量计的研制［J］. 仪器仪表学报，2001，22(z3)：450～452.

［65］叶佳敏，张涛. 水平式安装金属管浮子流量计的仿真与实验研究［J］. 化工自动化及仪表，2005，32(2)：67～70.

［66］叶佳敏，张涛. 水平式金属管浮子流量计的仿真与实验［J］. 天津大学学报，2006，39(9)：1099～1104.

［67］李刚，李巧真，张涛. 浮力式明渠流量计的研究［J］. 仪器仪表学报，2002，23(z2)：873～875，879.

［68］饶上荣，孙延祚，莫德举. 悬浮陀螺式流量传感器的研究［J］. 电子仪器仪表用户，1997(4).

［69］王强，张正国，罗致诚. 脑组织血管动态调节的无损伤测量研究［J］. 中国生物医学工程学报，2002，21(6)：563～567.

［70］张奇志，蒋新国，史振祺，等. 尼莫地平鼻腔给药对犬脑血流动力学的影响［J］. 药学学报，2005，40(5)：466～469.

［71］周少春，郑振声，王怀阳，等. 体外反搏增加冠状动脉、颈动脉及肾动脉血流量的不同效应［J］. 生物医学工程学杂志，2000，17(4)：415～417.

［72］蔡武昌. 流量仪表应用和发展若干动态［J］. 自动化仪表，2006，27(7)：1～7.

［73］Jorgealvaradoajos M J. Development and characterization of a capacitance-based microscale flowmeter［J］. Flow Measurement and Instrumentation, 2009, 20(2): 81～84.

［74］A K O. A Comparative Study of Two Flow Conditioners and Their Efficacy to Reduce Asymmetric Swirling Flow Effects on Orifice Meter Performance［J］. Chemical Engineering Research and Design, 1999, 77(8): 747～753.

［75］Branch J C. The effects of an upstream short radius elbow and pressure tap location on orifice discharge coefficients［J］. Flow Measurement and Instrumentation, 1995, 6(3): 157～162.

［76］P G R. The influence of pulsating flows on orifice plate flowmeters［J］. Flow Measurement and Instrumentation, 1992, 3(3): 118～129.

［77］Raisutis R. Investigation of the flow velocity profile in a metering section of an invasive ultrasonic flowmeter［J］. Flow Measurement and Instrumentation, 2006, 17(4): 201～206.

［78］Yuto I H. A study of ultrasonic propagation for ultrasonic flow rate measurement［J］. Flow Measurement and Instrumentation, 2008, 19(3～4): 223～232.

［79］Two testing methods for ultrasonic flowmeter［J］. World Pumps, 2007(492): 16.

［80］Evert H J. Effects of pulsating flow on an ultrasonic gas flowmeter［J］. Flow Measurement and Instrumentation, 1994, 5(2): 93～101.

［81］Dongwoo H S. Two-dimensional ultrasonic anemometer using the directivity angle of an ultrasonic sensor［J］. Microelectronics Journal, 2008, 39(10): 1195～1199.

［82］C C R. A radically new dynamic response capability for Coriolis flow meters［J］. Sensors and Actuators A: Physical, 2005 (123, 124): 54～62.

[83] G S J. Modelling of the Coriolis mass flowmeter[J]. Journal of sound and vibration, 1989, 132 (3): 473 ~489.

[84] Michael T M. High precision Coriolis mass flow measurement applied to small volume proving [J]. Flow Measurement and Instrumentation, 2006, 17(6): 371 ~382.

[85] G D H. High-precision Coriolis mass flowmeter for bulk material two-phase flows[J]. Flow Measurement and Instrumentation, 1994, 5(4): 295 ~302.

[86] G B J. Estimation of velocity profile effects in the shell-type Coriolis flowmeter using CFD simulations[J]. Flow Measurement and Instrumentation, 2005, 16(6): 365 ~373.

[87] J K J. Weight vector study of velocity profile effects in straight-tube Coriolis flowmeters employing different circumferential modes [J]. Flow Measurement and Instrumentation, 2005, 16(6): 375 ~385.

[88] Takahiro S M. Dynamic change in mitral regurgitant orifice area: comparison of color doppler echocardiographic and electromagnetic flowmeter-based methods in a chronic animal model[J]. Journal of the American College of Cardiology, 1995, 26(2): 528 ~536.

[89] C C M. The dynamic performance of a new ultra-fast response Coriolis flow meter[J]. Flow Measurement and Instrumentation, 2006, 17(6): 391 ~398.

[90] J H J. Theory of errors in Coriolis flowmeter readings due to compressibility of the fluid being metered[J]. Flow Measurement and Instrumentation, 2006, 17(6): 359 ~369.

[91] G B N. Coupled finite-volume/finite-element modelling of the straight-tube Coriolis flowmeter [J]. Journal of Fluids and Structures, 2005, 20(6): 785 ~800.

[92] J J M. Response of a vortex flowmeter to impulsive vibrations[J]. Flow Measurement and Instrumentation, 2000, 11(1): 41 ~49.

[93] J L S. The vortex flowmeter[J]. Flow Measurement and Instrumentation, 1993, 4(4): 195, 196.

[94] Abhisek U A. Harmonic analysis-based diagnostics of noflow pulsation in vortex and swirl flowmeter[J]. Digital Signal Processing, 2008.

[95] Zhiqiang S H. Evaluation of uncertainty in a vortex flowmeter measurement[J]. Measurement, 2008, 41(4): 349 ~356.

[96] J J M. A study on signal quality of a vortex flowmeter downstream of two elbows out-of-plane[J]. Flow Measurement and Instrumentation, 2002, 13(3): 75 ~85.

[97] Herong Y R. Internal three-dimensional viscous flow solutions using the vorticity-potential method [J]. International Journal for Numerical Methods in Fluids, 1991, 12(1): 1 ~15.

[98] Y J J. Finite element analysis of vortex shedding using equal order interpolations[J]. International Journal for Numerical Methods in Fluids, 2002, 39(3): 189 ~211.

[99] Wang Z Z. Computational study of the tangential type turbine flowmeter[J]. Flow Measurement and Instrumentation, 2008, 19(5): 233 ~239.

[100] Lml G J. Modelling and simulation of the dynamic performance of a natural-gas turbine flowmeter[J]. Applied Energy, 2006, 83(11): 1222 ~1234.

[101] D W C. Eddy-current effects in an electromagnetic flowmeter[J]. Flow Measurement and Instru-

mentation，2008，20(1)：22～37.

[102] Ke-jun X X. Signal modeling of electromagnetic flowmeter under sine wave excitation using two-stage fitting method[J]. Sensors and Actuators A：Physical，2007，136(1)：137～143.

[103] Chuanlong X S. Sensing characteristics of electrostatic inductive sensor for flow parameters measurement of pneumatically conveyed particles[J]. Journal of Electrostatics，2007，65(9)：582～592.

[104] 许贤良，赵连春，王传礼. 复合齿轮泵[M]. 北京：机械工业出版社，2006.

[105] 王永生，张军，王光生，等. 基于 AT89S52 单片机复合齿轮流量计的设计改进[J]. 煤矿机械，2008，29(2)：173～175.

[106] 卫国海，张军，李宪华，等. 径向多齿轮流量变送器测量系统设计[J]. 液压气动与密封，2006(4)：44～46.

[107] 张军，任建华，许贤良，等. 低脉动齿轮泵瞬时流量特性研究[J]. 安徽理工大学学报（自然科学版），2004，24(4)：37～40.

[108] 张军，阮智玉，许勤. 并联式齿轮转子泵流量特性的理论研究[J]. 液压与气动，2003(9)：4～6.

[109] 黄玉萍，李宪华，张军. 多联齿轮泵流量特性的仿真研究[J]. 煤矿机械，2004(10)：30，31.

[110] 张军，李宪华，卫国海，等. 三型复合齿轮式动态流量传感器的动态特性研究[J]. 煤矿机械，2006，27(12)：32～34.

[111] 张军，卫国海，李宪华，等. 复合齿轮流量计传递函数及稳定性研究[J]. 安徽理工大学学报（自然科学版），2006，26(4)：46～49.

[112] 张军，贾瑞清，卫国海，等. 平衡式复合齿轮泵的有限元分析[J]. 煤矿机械，2007，28(10)：66，67.

[113] 张军，贾瑞清，刘军，等. 三型行星齿轮流量计运动仿真分析[J]. 煤矿机械，2008，29(11)：58～61.

[114] 顾培英，邓昌，吴福生. 结构模态分析及其损伤诊断[M]. 南京：东南大学出版社，2008.

[115] 李德葆，陈厚群，李同春. 实验模态分析及其应用[M]. 北京：科学出版社，2001.

[116] 管迪华. 模态分析技术[M]. 北京：清华大学出版社，1996.

[117] 邓晓龙，高虹亮. 柴油机机体有限元建模及模态分析[J]. 三峡大学学报，2005(10)：426～429.

[118] 张佳卉. 低比转速离心泵双吸叶轮内部流场的数值计算及分析[D]. 兰州：兰州理工大学，2005.

[119] 阎超. 计算流体力学方法及应用[M]. 北京：北京航空航天大学出版社，2006.

[120] 王强，姜继海，袁俊超. 利用流场仿真技术计算水压外啮合齿轮泵内液压径向力[J]. 流体机械. 2008(6)：23～25.

[121] 许贤良，王传礼，张军，等. 流体力学[M]. 北京：国防工业出版社，2006.

[122] 张军. 三星液体行星齿轮流量计理论与实验研究[D]. 北京：中国矿业大学（北京），2008.

冶金工业出版社部分图书推荐

书　名	作　者	定价(元)
对数螺旋锥齿轮啮合理论	李　强　编著	29.00
机械设备维修工程学(本科教材)	王立萍　主编	26.00
冶金通用机械与冶炼设备(第2版)(高职高专)	王庆春　等主编	56.00
机械设计基础(本科教材)	侯长来　主编	42.00
机械设备维修基础	闫嘉琪　等主编	28.00
机械原理(本科教材)	吴　洁　主编	29.00
数控机床操作与维修基础(本科教材)	宋晓梅　主编	29.00
交通近景摄影测量技术及应用	于　泉　著	29.00
建筑结构振动计算与抗振措施	张荣山　等著	55.00
地下工程智能反馈分析方法与应用	姜谙男　著	36.00
岩石冲击破坏的数值流形方法模拟	刘红岩　著	19.00
缺陷岩体纵波传播特性分析技术	俞　缙　著	45.00
地铁结构的内爆炸效应与防护技术	孔德森　等著	20.00
公路建设项目可持续发展研究	李明顺　等著	50.00
基于成功老化理念的住区规划研究	席宏正　等编著	36.00
多结点力矩分配法改进技术与应用	王彦明　著	36.00
RST混合土强度与变形特性研究	孔德森　等著	23.00
建筑施工实训指南(高专教材)	韩玉文　主编	28.00
城市交通信号控制基础(本科教材)	于　泉　编著	20.00
建筑环境工程设备基础(本科教材)	李绍勇　等主编	29.00
供热工程(本科教材)	贺连娟　等主编	39.00
GIS软件SharpMap源码详解及应用(本科教材)	陈　真　等主编	39.00